AF904538

SUTUREZ COMME UN CHIRURGIEN

Un guide du docteur des techniques de suture des nœuds chirurgicaux utilisés dans les départements de chirurgie, de médecine d'urgence et de médecine de famille

M. Mastenbjörk M.D.
S. Meloni M.D.

Medical Creations

Copyright Medical Creations 2022 - Tous droits réservés.

Le contenu de ce livre ne peut être reproduit, dupliqué ou transmis sans l'autorisation écrite directe de l'auteur.

En aucun cas, l'éditeur ne pourra être tenu responsable d'une quelconque réparation, d'un quelconque dommage ou d'une quelconque perte monétaire dus aux informations contenues dans le présent document, que ce soit directement ou indirectement.

Avis juridique:

Ce livre est protégé par les droits d'auteur. Il est destiné uniquement à un usage personnel. Vous n'êtes pas autorisé à modifier, distribuer, vendre, utiliser, citer ou paraphraser une partie du contenu de ce livre sans le consentement de l'auteur.

Avis de non-responsabilité:

Veuillez noter que les informations contenues dans ce document sont uniquement destinées à des fins pédagogiques. Toutes les dispositions ont été prises pour fournir des informations complètes, exactes, à jour et fiables. Aucune garantie d'aucune sorte n'est formulée ou sous-entendue. Les lecteurs reconnaissent que l'auteur ne s'engage pas à donner des conseils juridiques, financiers, médicaux ou professionnels. Le contenu de ce livre est issu de sources diverses. Veuillez consulter un professionnel assermenté avant d'appliquer les techniques décrites dans ce livre.

En lisant ce document, le lecteur accepte qu'en aucun cas l'auteur ne saurait être tenu responsable des pertes, directes ou indirectes, subies du fait de l'utilisation des informations contenues dans ce document, y compris, mais sans s'y limiter, les erreurs, omissions ou inexactitudes.

Sommaire

INTRODUCTION

Le mot «suture» fait référence à l'utilisation d'un matériel filiforme pour rapprocher les tissus ou pour ligaturer (fermer) les vaisseaux sanguins. La suture est une technique qui se pratique depuis des siècles. La première référence à la suture remonte à 3000 avant J.-C. et se trouve dans la littérature égyptienne antique. Plusieurs types de matériels ont été utilisés au fil des ans, notamment le chanvre, le coton et la soie. De même, les aiguilles ont également été faites de plusieurs types de matériels: os, argent, bronze et cuivre.

Au fil des ans, les types de matériels utilisés et les techniques de sutures ont été considérablement améliorés. Aujourd'hui, les techniques de suture se font dans des conditions de stérilisation et d'asepsie, et à l'aide d'instruments bien conçus. Cependant, certains principes sont restés les mêmes au fil des ans, et ils sont essentiels pour le succès et le maintien de l'intégrité des tissus.

La plupart des étudiants (et même certains résidents) supposent que le but des sutures est de maintenir les incisions ensemble. Bien que cela soit vrai, la suture est également utile à de nombreuses autres fins. Certaines applications courantes des techniques de suture sont présentées ci-dessous:

- Fermer les incisions, permettant une cicatrisation primaire.
- Rapprocher les bords de la plaie après avoir levé un lambeau ou une biopsie, permettant une cicatrisation secondaire.
- Favoriser l'hémostase en fermant les bords de la plaie qui saignent.
- Ligaturer les vaisseaux sanguins.

- Rapprocher les extrémités des vaisseaux sanguins (appelés anastomoses), permettant de réacheminer le sang vers différentes zones. Un exemple courant de cette pratique est le pontage coronarien.
- Réparer les nerfs et les tendons sectionnés.
- Ancrer temporairement les tissus et les rétracter pendant la chirurgie, améliorant ainsi l'accès et la visibilité.

Le processus de suture, à première vue, semble être une tâche simple et est généralement confié aux résidents les plus jeunes ou aux stagiaires en chirurgie à la fin de l'opération. Cependant, la suture peut aussi être l'étape la plus critique de la chirurgie. Si la suture n'est pas effectuée correctement, de nombreuses complications postopératoires peuvent en résulter. Il s'agit notamment d'une rupture de la plaie, d'une hernie incisionnelle, d'une mauvaise cicatrisation, d'une hémorragie postopératoire et d'une infection de la plaie. Il est donc impératif que les étudiants se forment aux compétences nécessaires pour réaliser le processus de suture.

Ce manuel de suture vous donne un aperçu des bases du processus de suture. La première partie du manuel présentera l'arsenal thérapeutique nécessaire, les indications et les principes de base des techniques de suture. La partie suivante abordera la confection des nœuds, les différents types de sutures et leurs applications. La dernière section abordera également le soin des plaies avant et après le processus de suture.

Commencez à vous entraîner dès maintenant avec notre kit d'entraînement à la suture «Medical Creations».

Envoyez-nous un courriel pour recevoir un code de remise: martin@medicalcreations.net

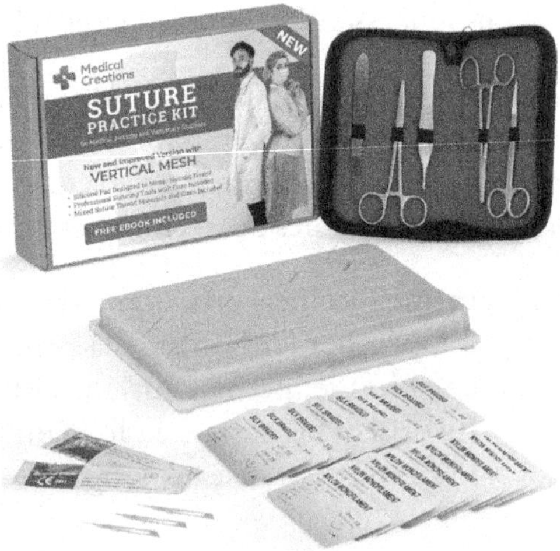

CHAPITRE 1

Arsenal Thérapeutique

Pour réussir une suture, deux types de matériels sont nécessaires: l'aiguille chirurgicale et le matériel de suture. Ceux-ci peuvent être manipulés par un instrument manuel, à savoir le porte-aiguille. Parmi les autres instruments utiles, citons les pinces chirurgicales pour tissus qui aide à stabiliser les tissus à suturer, et une paire de ciseaux pour couper les sutures. Chacun d'entre eux est décrit en détail dans les rubriques suivantes.

AIGUILLES DE SUTURE

Les aiguilles chirurgicales sont essentiellement utilisées pour transporter le matériel de suture dans les tissus. Elles percent la peau ou les couches plus profondes, et transfèrent le matériel fixé sur elles à travers les tissus. L'aiguille idéale doit présenter les propriétés suivantes:

- Être suffisamment rigide pour résister à la déformation.
- Être suffisamment flexible pour se plier plutôt que de se casser.
- Être suffisamment tranchante pour pénétrer facilement dans les tissus.
- Être suffisamment mince pour causer un minimum de traumatisme aux tissus.
- Être capable d'être maintenue de manière ferme dans le porte-aiguille sans se tourner.
- Être capable d'être stérilisée facilement.

En général, les aiguilles sont faites d'acier inoxydable de qualité chirurgicale, car celui-ci remplit la plupart des propriétés mentionnées ci-dessus. Une aiguille est composée de trois éléments: le chas, le corps et la pointe.

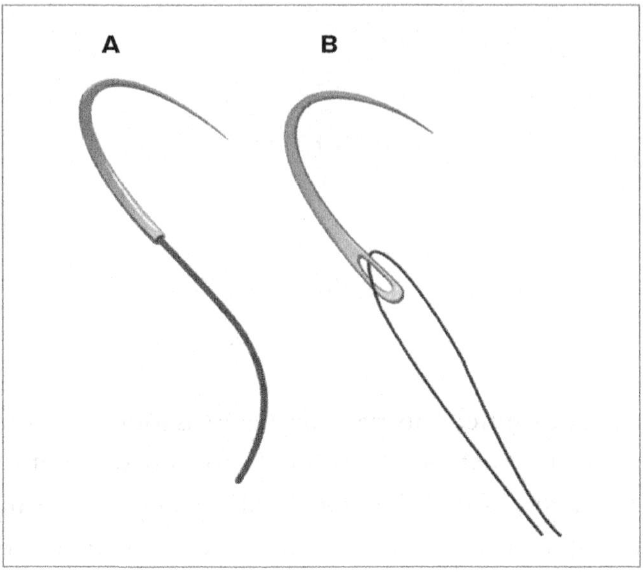

La tête de l'aiguille: C'est la partie qui contient le matériel de suture monté. L'aiguille peut avoir une tête munie d'un «chas», à travers lequel le matériel de suture est enfilé (b), ou elle peut être dépourvue de chas. Les aiguilles sans chas sont également appelées aiguilles serties, et le matériel de suture est serti à l'intérieur des aiguilles (b). Les aiguilles serties produisent des lésions tissulaires moins importantes que les aiguilles à chas, car un seul brin du matériel de suture y est enfilé. Les aiguilles à chas portent deux brins de matériel, et éventuellement un nœud, à travers le tissu. Cela crée également un trou plus large que le matériel de suture final qui reste derrière, ce qui peut éventuellement provoquer des fuites et des infections. Les aiguilles serties sont destinées à un usage unique et, par conséquent, la perte d'acuité de l'aiguille et la stérilisation ne posent pas de problème. Les aiguilles avec des chas, cependant, peuvent être plus économiques.

Dans les aiguilles serties, il existe deux façons de fixer l'aiguille de suture au matériel: le perçage au laser et la fixation par canal. Le perçage au laser consiste à créer un trou dans la queue de l'aiguille, dans lequel la suture est fixée. Dans la fixation par canal, une petite entaille ou un canal est placé à l'extrémité de l'aiguille sur la moitié de son épaisseur, et le matériel est fixé dans cette partie creuse.

Corps de l'aiguille: Il reflète la forme de l'aiguille. Le corps de l'aiguille peut être soit droit, soit incurvé. Les aiguilles incurvées présentent différents degrés de courbures, notamment un demi-cercle, 1/4 de cercle, 3/4 de cercle, 3/8 de cercle ou 5/8 de cercle. Bien que l'aiguille aux 3/8 soit le plus souvent utilisée pour les sutures, les autres types d'aiguille sont utilisés également dans certains cas. Celles-ci ont été décrites dans le tableau 1.

TABLEAU 1. Classification des aiguilles en fonction de la courbure du corps

Type De Corps D'aiguille	Applications
Aiguille droite	Rarement utilisé, lorsque la fermeture de la peau est faite à la main.
Aiguille demi-incurvée (aiguille de ski)	Chirurgie laparoscopique.
¼ de cercle	La faible courbure fait qu'elle convient aux surfaces convexes. Utilisée en chirurgie ophtalmique et en microchirurgie.
3/8 de cercle	La plus souvent utilisée. Idéal pour les plaies superficielles et grandes. Elle nécessite un large arc de rotation, et ne convient donc pas aux plaies profondes.
½ de cercle	Elle est utilisée dans les espaces confinés tels que le tractus gastro-intestinal, le péritoine et les voies respiratoires.
5/8 de cercle	Utilisée dans des espaces profonds et confinés, elle ne nécessite pas beaucoup d'espace latéral pour la rotation. Parmi ceux-ci figurent l'appareil urogénital, le pelvis, la gorge et la cavité buccale.

Pointe de l'aiguille: C'est la pointe qui entame la pénétration dans les tissus. Les pointes d'aiguilles peuvent être classées en fonction de leur section transversale. La forme de la section transversale est importante car elle reflète la capacité de l'aiguille à traverser les tissus. Une section transversale tranchante pénètre facilement les tissus, et est utile pour les structures plus résistantes. Une section transversale lisse et ronde peut être préférable pour les tissus tamisés et friables. Les différents types de pointes d'aiguilles et leurs applications sont présentés dans le tableau 2.

TABLEAU 2. Classification des aiguilles en fonction de la section transversale de la pointe

Type De Pointe D'aiguille	Section Transversale	Applications	Symbole
Corps arrondi - fuselé	Circulaire, se rétrécit en pointe à l'extrémité	Muscle, fascia, muqueuse, péritoine, viscères abdominaux	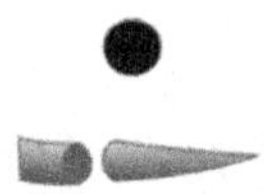
Corps arrondi et émoussé	Circulaire, pointe arrondie	Muscle oculaire, tissu parenchymateux	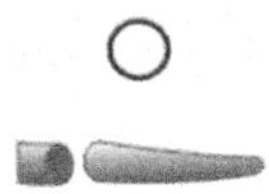
Coupe	Triangle, bord tranchant sur surface concave	Tissu scléreux dur, sternum	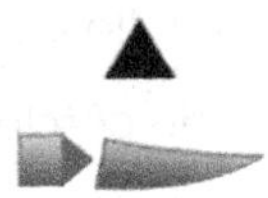
Coupe inverse	Triangle inversé, bord tranchant sur surface convexe	Tissus qui sont résistants mais qui peuvent se déchirer, p.ex. la peau	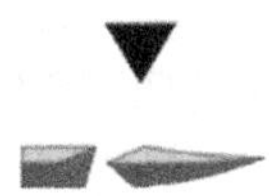
Spatule	Trapézoïdal	Chirurgie ophtalmique, microchirurgie	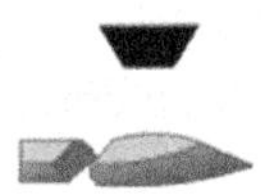

MATÉRIEL DE SUTURE

Le matériel de suture est d'une importance capitale car c'est lui qui va maintenir les tissus ensemble pendant la phase de guérison. Ce matériel doit donc présenter une intégrité structurelle et, en même temps, ne doit pas causer de lésions aux tissus. Un matériel de suture idéal doit présenter plusieurs propriétés. Il s'agit notamment des éléments suivants:

- Il doit être stérile ou doit pouvoir être stérilisé sans affecter son intégrité structurelle.
- Il doit être biocompatible et ne doit pas causer de réaction aux tissus ou d'irritation de ceux-ci.

- Il doit être facile à manipuler.
- Il ne doit pas se rompre ou se défaire facilement, et permettre une bonne sécurité du nœud.
- Il doit avoir une résistance élevée à la traction, maintenue pendant la phase de cicatrisation.
- Une fois la phase de cicatrisation terminée, il doit présenter un profil de résorption adéquat.
- Il faut qu'il ait des propriétés antibactériennes.
- Il doit être économique.

Malheureusement, le matériel de suture idéal n'existe pas à ce jour, et la plupart du matériel couramment disponible ne présente pas une ou plusieurs des caractéristiques ci-dessus. Le chirurgien doit donc choisir le meilleur matériel possible en fonction du tissu à suturer, de la localisation anatomique et des facteurs liés à la personne.

Types de matériels de suture

Le matériel de suture peut être classé en fonction de son origine naturelle ou synthétique. Le matériel de suture naturel a été largement remplacé par le matériel synthétique, car ce dernier produit moins de réactions tissulaires et possède des propriétés plus prévisibles, comme la résistance à la traction et le taux de résorption. Cependant, le matériel naturel est plus économique, et est donc encore largement utilisé dans les endroits où le coût est un facteur important. La soie naturelle est souvent utilisée pour sécuriser les drains.

En fonction du comportement du matériel dans le corps, le matériel de suture peut être classé en matériel résorbable et non résorbable.

Matériel résorbable: Les matériels résorbables sont digérés par les enzymes du corps ou par hydrolyse après une période de temps spécifique. Le taux de résorption est important pour ce matériel, car le processus de résorption affaiblit visiblement l'intégrité structurelle du matériel. En principe, la résorption ne doit commencer que lorsque la plaie a acquis une résistance à la traction suffisante. Le taux de résorption peut être influencé par le type de matériel, la région du corps où la suture est placée, et des facteurs liés à la personne. Ces sutures sont utiles lorsque des couches plus profondes du corps sont suturées, car le retrait des sutures n'est pas possible dans ces zones. Ce matériel est également utilisé dans les zones qui cicatrisent rapidement, comme les anastomoses de l'intestin grêle, les voies urinaires et les voies biliaires.

Matériels non résorbables: Le matériel non résorbable est préférable lorsqu'un support tissulaire à long terme est nécessaire. Ces matériels doivent être éliminés manuellement ou seront automatiquement isolés par les processus inflammatoires de l'organisme. Il peut être utilisé pour les plaies superficielles, les plaies qui doivent cicatriser lentement comme les ligatures ou les anastomoses vasculaires, et pour suturer les muscles, les tendons, les fascias et la fermeture de la paroi abdominale. Le matériel non résorbable a été divisé en trois classes. La classe 1 comprend la soie, le nylon et le polypropylène. La classe 2 comprend le coton et le lin. La classe 3 est constituée d'acier chirurgical. Le tableau 3 donne des exemples des différents types de matériels.

TABLEAU 3. Classification du matériel de suture

Naturel		Synthétique	
Résorbable	**Non Résorbable**	**Résorbable**	**Non Résorbable**
Catgut	Soie	Catgut	Soie
Catgut chromique	Lin	Catgut chromique	Lin

Une autre méthode de classification du matériel de suture consiste à distinguer le matériel mono-filament du matériel multi-filament. Comme leur nom l'indique, le matériel de suture mono-filament ne comporte qu'un seul brin. D'autre part, le matériel multi-filament comporte plusieurs brins qui sont entrelacés ou tissés ensemble. Si le matériel multi-filament présente l'avantage d'une meilleure intégrité structurelle, il présente deux inconvénients par rapport au matériel mono-filament. Tout d'abord, ils causent une irritation supplémentaire aux tissus qu'ils traversent. Deuxièmement, la masse supplémentaire de ce matériel peut abriter des micro-organismes et provoquer des réactions tissulaires. Les mono-filaments sont plus difficiles à manipuler et présentent une sécurité fragile pour les nœuds, mais ils présentent un risque d'infection plus faible. La soie et le vicryl sont disponibles en multi-filament, tandis que la plupart des autres matériels sont mono-filament.

Tailles du matériel de suture

Une grande partie du matériel de suture couramment utilisé est disponible en plusieurs tailles. En fonction de leur taille, on leur attribue un numéro dans l'ordre inverse. Plus le numéro du matériel est élevé, plus la taille est petite. Les différentes tailles de suture ont des applications différentes en chirurgie. Elles sont résumées dans le tableau 4.

TABLEAU 4. Tailles de matériel de suture et leurs applications

Taille du Matériel de Suture	Applications en Chirurgie
0-0 et 1-0	Fermeture de la paroi abdominale et fixation des tubes de drainage au niveau de la plaie.
2-0 et 3-0	Fermeture des tissus épais, notamment la peau, les fascias, les muscles et les tendons.
4-0 et 5-0	Fermeture de la peau dans les zones esthétiques, y compris les mains, les pieds, le visage, et fermeture de la peau chez les patients pédiatriques.
6-0 et 7-0	Chirurgie plastique et réparation des vaisseaux sanguins.
8-0 à 11-0	Chirurgie ophtalmique et microchirurgie, y compris la reconstruction micro-vasculaire.

Caractéristiques du matériel de suture pouvant affecter les résultats de la cicatrisation des plaies:

Le matériel de suture idéal n'existant pas, le chirurgien doit faire un choix éclairé en fonction des caractéristiques de chaque matériel. Les caractéristiques suivantes peuvent affecter le résultat final de la cicatrisation et doivent être gardées à l'esprit:

- **Résistance à la traction:** La résistance à la traction fait référence à la tension qu'un matériel de suture peut supporter avant de se rompre. Le matériel de suture est sujet à plusieurs contraintes pendant la suture, ainsi que dans la période postopératoire, en raison du gonflement et du mouvement. Outre la résistance à la traction initiale, la vitesse à laquelle la résistance à la traction diminue au fil du temps est également importante, et elle doit être proportionnelle à l'augmentation de la résistance de la plaie. L'implantation, le nouage et la ligature de la suture elle-même entraînent une perte de la résistance à la traction. La résistance à la traction diminue également plus rapidement dans un environnement humide.

- **Plasticité:** La plasticité désigne la capacité d'un matériel à s'étirer pour s'adapter à l'augmentation du volume des tissus. Ceci est important car la plupart des tissus ont tendance à prendre du volume après une intervention chirurgicale. La plasticité diminue l'incidence de la strangulation des tissus et la formation de marques de quadrillage.
- **Elasticité:** L'élasticité désigne la capacité d'un matériel de suture à retrouver sa longueur initiale après la diminution du gonflement. Si le matériel est plastique mais pas élastique, les sutures peuvent se détacher après la diminution du gonflement. Le matériel élastique garantit que les bords de la plaie restent rapprochés.
- **Mémoire:** La mémoire fait référence à la tendance du matériel à revenir à sa forme initiale après avoir été plié ou manipulé. Un matériel à haute mémoire peut être rigide et difficile à manipuler. Faire des nœuds avec ce matériel peut être un défi car le nœud peut se défaire et affecter l'intégrité de la suture.
- **Souplesse:** La souplesse désigne le degré de flexibilité et la facilité avec laquelle un matériel peut être plié. Le matériel souple est plus facile à manipuler et moins susceptible de se casser que le matériel non souple.
- **Coefficient de friction:** Il s'agit du degré de glissance du matériel. Un matériel glissant se manipule mieux et n'a pas tendance à se casser. Les sutures à haut coefficient de friction peuvent être difficiles à tirer et peuvent irriter les tissus.
- **Biocompatibilité:** Tout le matériel de suture est un corps étranger et provoque donc des réactions tissulaires dans une certaine mesure. Ceci est plus important avec le matériel naturel et multi-filament. La plupart du matériel de suture ne provoque pas de réactions allergiques. Cependant, il a été constaté que les acides chromiques présents dans le catgut chromique provoquent des réactions allergiques chez quelques patients.

- **Activité antibactérienne:** Le matériel de suture ne possède pas de propriétés antibactériennes intrinsèques. Cependant, il existe du matériel recouvert d'agents antibactériens. Le triclosan a été utilisé pour les revêtements de monocryl et de vicryl, et il a été démontré qu'il réduit la colonisation par les espèces de staphylocoques.

Les caractéristiques ci-dessus varient avec chaque matériel de suture. Chaque matériel doit être choisi pour des indications spécifiques en fonction des caractéristiques ci-dessus. Les caractéristiques et les indications de chaque type de matériel de suture ont été résumées dans le tableau 5.

TABLEAU 5. Caractéristiques du matériel de suture couramment utilisé

Type de Matériel	Matériel	Caractéristiques Principales	Applications
Résorbable	Catgut uni	Conserve sa résistance à la traction pendant 7 à 10 jours. Est absorbé en 70 jours. Produit une réaction marquée des tissus. La résistance à la traction et le taux de résorption ne sont pas prévisibles.	Peu utilisé de nos jours.
	Catgut chromique	Le traitement à l'acide chromique retarde la résorption qui se produit au bout de 90 jours environ. La résistance à la traction dure de 0 à 21 jours. Peut provoquer des réactions allergiques dues à l'acide chromique.	Peu utilisé, principalement pour la fermeture des plaies muqueuses.
	Catgut à résorption rapide	Le traitement thermique facilite une résorption rapide, qui s'effectue généralement entre 2 et 4 semaines. La résistance à la traction ne dure que 5 à 7 jours.	Plaies faciales, pour fixer les greffes de peau.

Type de Matériel	Matériel	Caractéristiques Principales	Applications
Résorbable	Acide polyglycolique	La résistance à la traction est élevée au départ, mais elle est réduite de moitié après deux semaines, et il n'en reste que 5 % après quatre semaines. Absorbé entre 90 et 120 jours. Facile à manipuler, bonne sécurité des nœuds. Coefficient de friction élevé.	Fermeture des couches plus profondes.
	Acide enrobé polyglycolique	Coefficient de friction réduit, mais sécurité du nœud plus fragile.	
	Acide polyglycolique à résorption rapide	La résistance à la traction dure de 7 à 10 jours. Hydrolysé au bout de 42 jours.	
	Polyglactine 910 (Vicryl)	Facile à manipuler, bonne sécurité des nœuds. Résistance à la traction supérieure à celle de l'acide polyglycolique, conserve 60 % de sa résistance en deux semaines. Est absorbé en 60 à 90 jours Biocompatible, faible réaction tissulaire.	Suture des tissus profonds. Peut également être utilisé pour la fermeture percutanée.
	Vicryl rapide	L'ionisation par les rayons gamma accélère sa résorption, qui se produit en 35 jours.	Plaies buccales, résorption rapide minimisant l'irritation.
	Vicryl enrobé	Le revêtement en triclosan assure une activité antibactérienne.	Plaies présentant un risque accru d'infection.

Type de Matériel	Matériel	Caractéristiques Principales	Applications
Résorbable	Polydioxanone (PDS)	Résistance à la traction inférieure à celle du vicryl et de l'acide polyglycolique, mais dure plus longtemps et conserve près de 75 % de sa résistance en deux semaines. Rigide et difficile à manipuler. Réaction minimale des tissus.	Utile dans les plaies qui nécessitent un soutien dermique prolongé, ce qui minimise la propagation des cicatrices.
	Poliglecaprone (Monocryl)	Résistance à la traction la plus élevée, qui diminue rapidement pour atteindre seulement 30 % au 14ème jour. Pliable, facile à manipuler, bonne sécurité des nœuds.	Utile comme suture cachée lorsque le support dermique n'est pas nécessaire.
	Monocryl enrobé	Revêtement en triclosan assurant une action antibactérienne.	Zones plus sujettes aux infections
Non Résorbable	Soie	Excellente manipulation, sécurité des nœuds élevée. Faible résistance à la traction. Forte réactivité des tissus.	Sécurisation des drains. Suture de maintien temporaire pour élever ou rétracter les tissus pendant une opération.
	Nylon	Résistance élevée à la traction qui diminue légèrement avec le temps. Se résorbe progressivement sur plusieurs années. Rigide, difficile à manipuler, peut irriter les tissus friables. Sécurité des nœuds faible. Faible réactivité des tissus.	Sutures de la peau. Sutures cachées nécessitant un soutien dermique prolongé.

Type de Matériel	Matériel	Caractéristiques Principales	Applications
Non Résorbable	Polypropylène (Prolène)	Résistance à la traction inférieure à celle du nylon. Réactivité des tissus très faible. Ne se résorbe pas du tout avec le temps. Matériel rigide, manipulation et sécurité des nœuds limitées. Faible coefficient de friction. Plasticité élevée, et peut s'adapter au gonflement.	Sutures de la peau. Zones où l'on prévoit un gonflement plus important. Sutures enfouies nécessitant un soutien dermique à long terme.

INSTRUMENTS MANUELS

L'aiguille et le matériel de suture doivent être contrôlés et manipulés par certains instruments pour les placer dans le tissu et les en retirer. Les instruments les plus élémentaires nécessaires à la suture sont le porte-aiguille, les pinces chirurgicales et les ciseaux.

Porte-Aiguille

Cet instrument est utilisé pour tenir l'aiguille pendant la suture. Il aide également à placer le nœud selon certaines techniques. L'instrument se compose d'une poignée de fixation et d'un court bec émoussé. Il est facile de confondre cet instrument avec un hémostat (ou une pince hémostatique), qui possède également une poignée de fixation. Cependant, le porte-aiguille a un bec plus court. La face interne du porte-aiguille présente un quadrillage et une rainure longitudinale au centre, ce qui permet une bonne prise de l'aiguille. En revanche, l'hémostat présente des rainures parallèles et horizontales qui ne permettent pas une bonne prise de l'aiguille. La poignée du porte-aiguille peut être courte ou longue. Les poignées longues sont utiles pour suturer en profondeur. Les poignées courtes sont utiles lorsque des sutures délicates et fines sont nécessaires.

Pour tenir correctement le porte-aiguille, suivez les étapes indiquées ci-dessous:

1. Insérez le pouce et l'annulaire de votre main principale dans les anneaux du porte-aiguille. N'insérez pas tout le doigt ; seules les phalanges distales doivent rester à l'intérieur de l'anneau.
2. L'index peut être utilisé pour stabiliser le porte-aiguille en le plaçant sur l'articulation. De cette façon, l'index peut contrôler la direction du mouvement du porte-aiguille.
3. Prenez l'aiguille par les becs du porte-aiguille de façon à ce qu'elle se trouve à un tiers de la distance du chas et à deux tiers de la pointe. L'aiguille doit être tenue perpendiculairement aux becs.
4. Une fois l'aiguille saisie, appuyez sur le verrou à cliquet de la poignée pour la fixer.
5. L'aiguille doit être retirée du support avant de faire le nœud.

Une autre méthode pour tenir le porte-aiguille est de l'«empalmer». Avec cette méthode, le pouce et l'annulaire ne s'engagent pas dans les anneaux du porte-aiguille. Au lieu de cela, le pouce repose plutôt sur la tige de l'instrument d'un côté, et l'annulaire, ainsi que le majeur et l'auriculaire, sont placés autour de la tige de l'instrument de l'autre côté. L'éminence thénar est utilisée pour contrôler le mécanisme de verrou à cliquet du porte-aiguille.

Pinces à Tissu

Les pinces à tissu sont également appelées «pickups». Elles sont utilisées pour saisir ou stabiliser les bords de la plaie pendant la suture. Bien qu'il existe de nombreux types de pinces à tissu, les pinces Adson sont très souvent utilisées pour les sutures. Les pinces à tissu peuvent avoir ou non de petites dents à leur pointe. Les pinces à tissu dentelées offrent une meilleure prise, mais peuvent en même temps irriter les tissus délicats. En général, les pinces à tissu dentelées doivent être utilisées pour les tissus résistants comme le fascia ou la peau, tandis que les pinces à tissu non dentelées doivent être utilisées pour les tissus plus délicats comme les intestins et les vaisseaux sanguins. La pince à tissu doit être tenue entre le pouce et l'index et le majeur, comme pour une prise de stylo. Les tissus doivent être «pincés» avec délicatesse. N'écrasez jamais les tissus.

Ciseaux

Une paire de ciseaux est nécessaire pour couper les sutures après la création du nœud. Les ciseaux pour couper les sutures doivent avoir de préférence des becs courts et des poignées longues. Les ciseaux doivent être tenus de la même manière que le porte-aiguilles, en insérant le pouce et l'annulaire dans les anneaux de la poignée, et en utilisant l'index pour la stabilité. L'index de la main opposée peut être utilisé comme appui si les sutures doivent être coupées en profondeur. N'oubliez pas de toujours couper avec les pointes des ciseaux plutôt qu'avec l'extrémité plate de la lame. Cela donne plus de précision et peut éviter des lésions inutiles aux tissus.

Maintien de La Stérilité de L'arsenal Thérapeutique

Tout le matériel et les instruments utilisés pour les sutures doivent être maintenus dans des conditions stériles, et les sutures doivent être effectuées dans des conditions d'asepsie pour éviter la contamination de la plaie. Les différents composants de l'arsenal thérapeutique peuvent être stérilisés par différents moyens.

- Matériel de suture et aiguilles: Les aiguilles serties et le matériel sont généralement disponibles dans un emballage stérile. La méthode utilisée est généralement la stérilisation à l'oxyde d'éthylène, et vous constaterez que chaque emballage de suture comporte une étiquette qui confirme que le matériel est stérilisé à l'OE. Les aiguilles et le matériel de suture de point devant, comme la soie, doivent être enfilés avant la stérilisation. Ces derniers sont ensuite généralement stérilisés par autoclavage. Gardez à l'esprit que l'autoclavage répété peut compromettre l'intégrité structurelle du matériel de suture.
- Instruments: Les instruments utilisés pour les sutures, à savoir le porte-aiguille, les pinces à tissu dentelées et les ciseaux, sont aussi généralement stérilisés dans un autoclave. Le kit de suture doit être emballé soit séparément, soit dans le kit chirurgical avant d'être autoclavé.

Tout le matériel et les instruments stériles doivent être manipulés uniquement avec des mains gantées stériles. Lorsque l'infirmière distribue du matériel de suture stérile, elle doit décoller soigneusement l'enveloppe extérieure non stérile et la laisser tomber sur la table à instruments.

Références:

1. Moy RL, Lee A, Zalka A. Commonly used suture materials in skin surgery. Am Fam Physician. 1991 Dec 1;44(6):2123-8.
2. Chu CC. Classification and general characteristics of suture materials. Wound Closure Biomaterials and Devices. 1997;49.
3. Nelson, WJ. Guide to Suturing: Section IIB Instrumentation. Journal of Oral and Maxillofacial Surgery. 2015;73(8):6-16.

AUTO-ÉVALUATION

1. Parmi les tailles de matériel de suture suivantes, laquelle est utile en microchirurgie ?
   a. 2-0
   b. 4-0
   c. 6-0
   d. 10-0

2. Lequel des types d'aiguilles suivants convient aux tissus délicats et fragiles ?
   a. Coupe
   b. Coupe inverse
   c. Corps arrondi fuselé
   d. Corps arrondi à pointe émoussée

3. Lequel des éléments suivants n'améliore pas les caractéristiques de manipulation du matériel de suture ?
   a. Coefficient de friction élevé
   b. Faible coefficient de friction
   c. Souplesse
   d. Flexibilité

4. Laquelle des propriétés suivantes un matériel doit-il posséder afin d'empêcher les sutures de se détacher ?
   a. Plasticité
   b. Élasticité
   c. Mémoire
   d. Souplesse

5. Lequel des matériels de suture suivants est inapproprié lorsqu'un soutien dermique prolongé est nécessaire ?
   a. Nylon
   b. Polypropylène
   c. Poliglecaprone
   d. Polydioxanone

6. Lequel de ces matériels de suture est adapté aux zones qui ont tendance à gonfler ?
   a. Nylon
   b. Polypropylène
   c. Polydioxanone
   d. Polyglactine

7. Lequel des matériels suivants est susceptible de provoquer des réactions inflammatoires ?
   a. Polydioxanone
   b. Catgut
   c. Nylon
   d. Acide polyglycolique

8. Quel est l'agent antimicrobien utilisé dans la polyglactine enrobée ?
   a. Chlorhexidine
   b. Pénicilline
   c. Métronidazole
   d. Triclosan

9. Laquelle des méthodes suivantes est la meilleure pour placer l'aiguille dans le porte-aiguille ?
   a. Au niveau de l'œil
   b. À un tiers de la distance de l'œil
   c. À la moitié de la distance de l'œil
   d. À deux tiers de la distance de l'œil

10. Lequel des matériels de suture suivants prend le plus de temps à être résorbé ?
   a. Catgut
   b. Acide polyglycolique
   c. Polyglactine
   d. Polydioxanone

CHAPITRE 2

Objectif et Principes de Base de la Suture

Bien que la suture soit une technique chirurgicale utile et couramment utilisée, il est important de savoir quand exactement les sutures sont nécessaires et quand elles peuvent être évitées. Ce chapitre aborde les indications et les objectifs de la suture, ainsi que les principes de base à respecter lors de la réalisation de toute sorte de suture.

Objectifs De La Suture:

- Rapprocher les deux bords de la plaie pour les maintenir en contact et faciliter la cicatrisation primaire.
- Soutenir la plaie et lui fournir une résistance à la traction jusqu'à ce que celle ci développe sa propre résistance à la traction inhérente par le processus de guérison.
- Éliminer tout espace mort entre les couches de la plaie.
- Minimiser le risque d'hémorragie.
- Minimiser le risque d'infection.

Indications Pour La Pose De Sutures

- Fermer les plaies, sauf en cas de contre-indication.
- Fixer les lambeaux au niveau de la zone receveuse.
- Réparer des défauts congénitaux tels que la fente labiale.
- Ligaturer et transpercer les vaisseaux sanguins afin de réaliser l'hémostase.

- Joindre deux vaisseaux sanguins dans le but de diriger le flux sanguin vers un nouveau site anatomique.
- Réparer les nerfs et les tendons sectionnés.
- Fixer les drains, les tubes de trachéotomie, les tubes nasogastriques et les tubes de gastrostomie.
- Rétracter les tissus afin d'améliorer l'accès et la visibilité.

Contre-Indications Pour Les Sutures

- Lorsque la plaie est superficielle et n'est pas béante.
- Plaies sur des surfaces concaves, telles que le pli alaire nasal et le sillon préauriculaire.
- Les plaies infectées ne doivent pas être suturées tant que l'infection n'a pas été maîtrisée.

Principes De Base De La Suture

Quel que soit l'objectif de la suture, certains principes de base doivent être respectés lors de la pose d'une suture. Lors de l'apprentissage de la suture pour la première fois en tant qu'étudiant, une attention particulière doit être accordée à ces principes de pose sûre de la suture. Avec le temps, ceux-ci deviennent une seconde nature pour la plupart d'entre nous.

Principes d'utilisation de l'arsenal thérapeutique:

- Avant de procéder à la suture, assurez-vous que l'aiguille et le matériel de suture sont tenus correctement.
- Tenez le porte-aiguille dans votre main principale, comme décrit dans le chapitre précédent, entre le pouce et l'annulaire.
- Placez l'aiguille dans les mâchoires du porte-aiguille, à angle droit par rapport à celui-ci, à la fois verticalement et horizontalement.
- L'aiguille doit être tenue de telle sorte qu'elle se trouve dans le porte-aiguille à un tiers de la distance de l'extrémité (ou chas) et à deux tiers de la pointe.
- Tenez la pince à tissus dans votre main non dominante, en la saisissant comme un stylo.

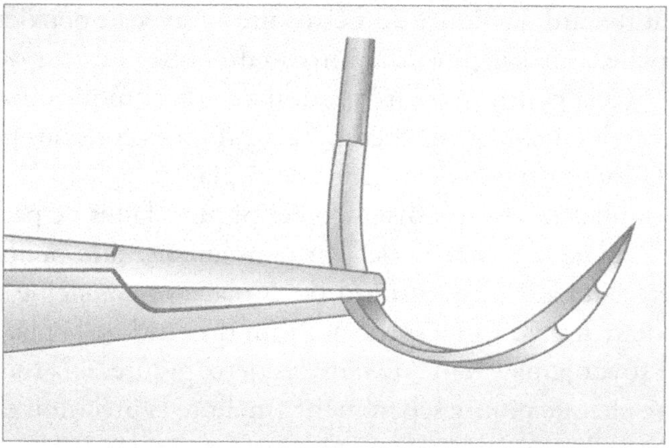

Principes de la «piqûre»

Le processus d'insertion de l'aiguille dans le tissu et son retrait est appelé «piqûre». Pour l'appliquer correctement, suivez les principes indiqués ci-dessous.

- Utilisez la pince à tissus pour saisir le premier bord de la plaie, et retournez-le doucement. Cela vous permettra de voir l'aiguille lorsqu'elle sort du côté opposé.
- Utilisez l'aiguille pour percer le tissu d'un côté de la plaie. La distance idéale de pénétration dans les tissus est d'environ 5 mm à partir du bord de la plaie.
- L'aiguille doit pénétrer dans le tissu perpendiculairement à la surface de la plaie. Cela lui permet de mieux pénétrer dans la plaie, et de manière non traumatique.
- Une fois l'aiguille introduite, vous devez pousser l'aiguille plus loin dans le tissu. En faisant cela, essayez de la pousser en suivant la courbure naturelle de l'aiguille. Cette méthode est non traumatique et permet également une faible résistance des tissus.
- Vous verrez la sortie de l'aiguille sur le côté tissulaire interne. Détachez le porte-aiguille de l'extrémité «entrante» de l'aiguille et utilisez-le pour saisir l'extrémité «sortante» de l'aiguille.
- Tirez l'aiguille, avec le matériel de suture correspondant, hors du bord interne de la plaie, en suivant à nouveau la courbure naturelle de l'aiguille.

- Maintenant, la piqûre doit être faite à travers le deuxième bord de la plaie. Faites la piqûre au niveau du bord intérieur du deuxième côté (cela peut varier en fonction de la technique choisie).
- Suivez les mêmes principes que ceux donnés ci-dessus pour l'entrée et la sortie du deuxième bord de la plaie.
- N'oubliez pas que la distance des piqûres faites de part et d'autre de la plaie doit être égale. Par conséquent, si la première piqûre a été faite à 5 mm du bord de la plaie, la deuxième piqûre doit également avoir une sortie à 5 mm du bord de la plaie.
- Ne soyez jamais tenté de faire les deux piqûres à la fois. Le fait de faire chaque piqûre séparément améliore la précision et permet de gagner du temps à long terme.
- De même, la profondeur de la piqûre doit être égale des deux côtés. Si la première piqûre est faite à travers la peau et le tissu sous-cutané, la deuxième piqûre doit être faite dans le tissu sous-cutané à la même profondeur, à travers la peau. Cependant, il existe certaines exceptions à ce principe. Par exemple, une technique appelée technique de suture dermique-hypodermique qui consiste à suturer deux couches différentes et donc des profondeurs de piqûre différentes.
- Les sutures sont généralement placées à partir du bord éloigné de vous, jusqu'au bord près de vous. Elles peuvent également être placées de votre côté dominant vers votre côté non dominant. Ces méthodes offrent le plus grand confort pendant la suture. Cependant, il faut garder à l'esprit les règles suivantes lors des piqûres:
  - Suturez toujours des tissus déplaçables aux tissus fixes.
  - Suturez des tissus les plus fins aux tissus les plus épais.
  - Suturez des tissus plus profonds aux tissus plus superficiels.

Principes de pose du nœud

Le processus de confection d'un nœud comporte un ensemble de principes distincts qui seront décrits dans un prochain chapitre. Cependant, certains principes doivent être gardés à l'esprit pendant cette phase de la suture.

- Une fois que l'aiguille est sortie du second bord de la plaie, tirez le matériel de suture hors du second bord de la plaie, jusqu'à ce qu'il ne reste qu'une petite partie du matériel au point d'entrée du premier bord.

- Déclipsez le porte-aiguille. En mettant de côté la pince à tissus, récupérez la longue extrémité du matériel de suture dans votre main non dominante.
- Les nœuds peuvent être posés soit à la main, soit à l'aide du porte-aiguille. Si le porte-aiguille doit être utilisé, saisissez-le dans la main dominante et tenez-le parallèlement au bord de la plaie.
- Posez le nœud en fonction de la technique souhaitée. Les techniques de confection des nœuds sont décrites dans le chapitre suivant.
- Les nœuds doivent être suffisamment serrés pour assurer une sécurité adéquate de la suture, et pour se rapprocher des bords de la plaie.
- Le nœud ne doit cependant pas être serré au point de provoquer un étouffement de la plaie ou de couper la circulation sanguine.
- Le nœud ne doit jamais reposer directement sur la plaie, car cela pourrait nuire à sa cicatrisation. Il doit se situer d'un côté de la plaie. Si plusieurs nœuds doivent être posés, comme c'est le cas pour les sutures à points séparés, il est préférable de poser tous les nœuds du même côté de la ligne de suture.

Principes de coupe de la suture

- Assurez-vous que les ciseaux utilisés pour couper les sutures sont tranchants. Des ciseaux émoussés peuvent provoquer une usure du matériel de suture, ce qui réduit son intégrité pour la suture suivante.
- Coupez l'une ou les deux extrémités de la suture comme vous le souhaitez selon la technique. Pour les sutures courantes, seule l'extrémité courte doit être coupée, tandis que pour les sutures à points séparés, les deux extrémités doivent être coupées.
- Pour les sutures cachées posées avec un matériel absorbable, coupez les sutures aussi près du nœud que possible. Toutefois, ne coupez pas directement au niveau du nœud, car cela pourrait par inadvertance provoquer une rupture du nœud et compromettre l'ensemble de la suture.
- Pour les sutures de surface qui sont placées avec des sutures non résorbables, ne coupez pas le nœud trop court. Dans l'idéal, il faut laisser au moins 5 mm de matériel. Ceci afin de faciliter la saisie et le détachement du matériel lors du retrait de la suture.

Références

1. Moy RL, Waldman B, Hein DW. A review of sutures and suturing techniques. The Journal of dermatologic surgery and oncology. 1992 Sep;18(9):785-95.
2. Brandt MT, Jenkins WS. Suturing principles for the dentoalveolar surgeon. Dental Clinics. 2012 Jan 1;56(1):281-303.
3. Clark A. Understanding the principles of suturing minor skin lesions. Nursing Standard. 2004;16(1):33-6.

AUTO-ÉVALUATION

1. À quel moment l'aiguille doit-elle être maintenue dans le porte-aiguille ?
   a. À 2/3 de la distance du chas
   b. À 2/3 de la distance de l'extrémité
   c. À la moitié de la distance entre le chas et l'extrémité
   d. À 1/3 de la distance du chas

2. Dans laquelle des situations suivantes la suture est-elle contre-indiquée ?
   a. Réparation d'une fente labiale
   b. Fermeture des plaies au niveau du pli alaire nasal
   c. Fixation des drains
   d. Réparation des nerfs

3. Laquelle des méthodes suivantes est la bonne méthode de suture ?
   a. Des tissus fixes aux tissus déplaçables
   b. Des tissus superficiels aux tissus profonds
   c. Des tissus déplaçables aux tissus fixes
   d. Des tissus épais aux tissus fins

4. Quelle est la distance idéale pour faire une piqûre depuis le bord de la plaie ?
   a. 2 mm
   b. 5 mm
   c. 10 mm
   d. 3 mm

5. Comment l'aiguille de suture doit-elle pénétrer et sortir du tissu ?
   a. En une seule ligne droite
   b. Le long de la courbure de l'aiguille
   c. Le long du contour de la plaie
   d. Parallèlement à la plaie

CHAPITRE 3

Nœuds Chirurgicaux

Des nœuds sont faits à la fin de chaque technique de suture pour bien fixer la suture. Certains médecins décrivent le nœud comme le maillon «le plus faible». Il en résulte que l'intégrité de l'ensemble de la suture dépend de l'intégrité du nœud. Un nœud mal fixé peut avoir des conséquences dévastatrices, allant de la rupture des tissus à une hémorragie grave due à une ligature qui aurait lâché.

Avant d'apprendre les différentes techniques de suture, l'étudiant doit acquérir la maîtrise de la confection des différents types de nœuds. Les nœuds peuvent être faits soit à la main, soit à l'aide d'un instrument. Les nœuds faits à la main peuvent être posés avec les deux mains ou avec une seule main.

ANATOMIE DU NŒUD

Quelle que soit la méthode utilisée, chaque nœud se compose essentiellement de deux types de boucles. La première boucle est appelée la boucle de rapprochement. L'intégrité de la suture dépend de cette boucle. Cette boucle doit être placée de manière à ce que, lorsqu'elle est serrée, les deux bords de la plaie soient rapprochés. Toutes les boucles supplémentaires sont appelées boucles de sécurisation. Elles apportent une sécurité supplémentaire au nœud.

PROPRIÉTÉS D'UN NŒUD IDÉAL

Un nœud idéal doit avoir les deux caractéristiques suivantes:

- **Sécurité des boucles:** Il s'agit de la capacité à maintenir l'étanchéité de la suture pendant la réalisation du nœud. La sécurité des boucles n'est influencée que par la technique de nouage. Les nœuds mal faits peuvent être lâches et la sécurité de la boucle peut être faible. Pour obtenir une sécurité maximale de la boucle, le matériel de suture doit être maintenu tendu entre chaque tour.
- **Sécurité des nœuds:** Il s'agit de l'intégrité du nœud final. Plusieurs facteurs affectent la sécurité des nœuds. Il s'agit des facteurs suivants:
    - Configuration structurelle du nœud: Le nœud carré qui présente des tours dans des directions opposées est plus sûr que le nœud de vache qui présente des tours dans la même direction.
    - Taille du matériel de suture: Les matériels de suture ayant une faible «mémoire» et un faible coefficient de friction ont tendance à avoir une meilleure sécurité des nœuds. La mémoire est la tendance des matériels de suture à prendre leur forme initiale. Si un matériel a un coefficient de friction élevé, l'intégrité du matériel, et donc la sécurité du nœud, peut être compromise.
    - Longueur de l'extrémité de la suture: Après le nouage, il faut laisser une longueur d'extrémité de suture d'au moins 3 mm pour optimiser la sécurité du nœud.
    - Nombre de tours: Certains matériels nécessitent plus de tours pour les fixer. Pour les matériels tels que le nylon, la polydioxanone et la polyglactine, au moins trois à cinq tours sont recommandés pour une sécurité optimale du nœud. Les sutures continues ou de point devant doivent également être sécurisées avec un plus grand nombre de tours.
    - Environnement de la plaie: Un environnement gras peut compromettre la sécurité des nœuds, ceci doit être contrebalancé par un plus grand nombre de tours.
    - Diamètre de la suture: La sécurité des nœuds augmente proportionnellement à l'augmentation du diamètre de la suture.

PRINCIPES DE CONFECTION DES NŒUDS

Toutes les techniques de nouage nécessitent le respect de certains principes de base. Ces principes sont décrits ci-dessous:

- Choisissez le nœud le plus simple qui soit indiqué dans ces circonstances. Un nœud bien fait restera solide, quel que soit le type de nœud.
- Évitez de faire un mouvement de «scie» lorsque vous faites un nœud. Cela provoque une friction inutile entre les brins de matériel, ce qui peut affaiblir son intégrité et provoquer sa rupture.
- Évitez d'écraser le matériel avec le porte-aiguille ou la pince à tissus, ceci pourrait affaiblir le matériel. Seules les extrémités libres doivent être saisies à l'aide d'instruments. Évitez toute tension ou traction excessive sur le matériel. Cela peut à nouveau provoquer la rupture du matériel.
- Après avoir placé le premier tour ou la première boucle, maintenez une traction ferme sur l'extrémité libre du matériel. Cela permettra de vous assurer que le nœud est bien serré.
- Lors du dernier tour, tirez les extrémités libres dans une direction horizontale pour permettre au nœud de se resserrer.
- En posant chaque boucle, tirez les deux extrémités libres dans des directions opposées, généralement une extrémité dans votre direction et l'autre dans la direction opposée. Ces directions doivent toujours être inversées lors du tour suivant. Lorsque les deux extrémités sont tirées, essayez de maintenir un taux et une tension uniformes à chaque extrémité.
- Le nœud final doit être aussi petit que possible. Des boucles supplémentaires doivent être utilisées lorsque cela est indiqué pour renforcer la sécurité du nœud. En revanche, le risque de réaction à un corps étranger est plus élevé si le nœud est trop volumineux. Les nœuds volumineux placés au niveau des couches plus profondes peuvent également interférer avec la fermeture des couches plus superficielles.
- Surtout, une fois le nœud final placé, il faut s'assurer que le nœud ne lâchera pas. Si le nœud ne semble pas bien fixé, il est préférable de le refaire plutôt que de courir le risque d'une rupture de la plaie ou d'un glissement de la ligature pendant la période postopératoire.

TYPES DE NŒUDS

Il existe plusieurs méthodes pour faire un nœud. Un étudiant qui apprend l'art de la suture doit maîtriser celles-ci dans leur entièreté et apprendre à appliquer le type de nœud adéquat à une situation donnée. La partie suivante décrit en détail les différentes étapes qui sont utilisées pour chaque type de nœud chirurgical.

Nœud Carré

Le nœud carré est un nœud robuste et solide, le plus utilisé par tous les chirurgiens. Il est généralement placé à la main et, lorsqu'un instrument est utilisé, il est communément appelé le nœud plat.

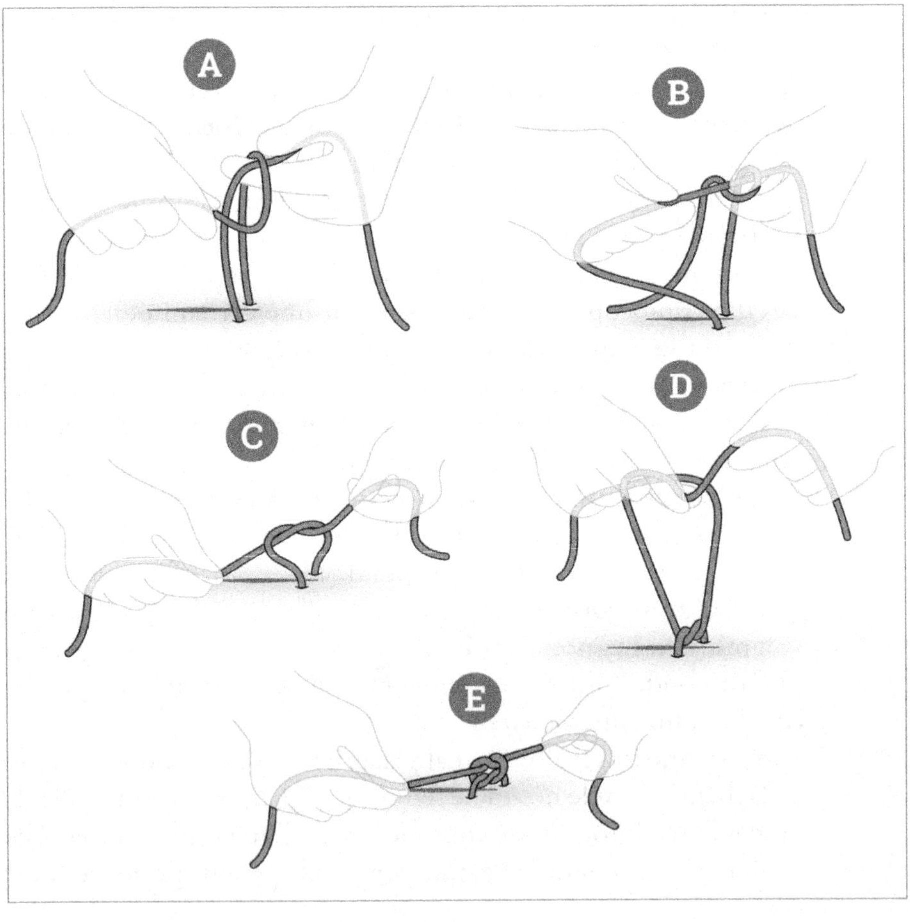

1. Faites passer le matériel de suture en dessous du récipient.
2. Tenez le matériel avec vos deux mains. Gardez la main gauche éloignée de votre corps et la main droite près de votre corps.
3. Pincez le matériel entre le pouce et l'index de la main gauche. L'extrémité la plus longue du matériel doit faire une boucle autour de l'index, passer sous le récipient, et l'autre extrémité doit être pincée entre le pouce et l'index de la main droite. **Fig. A: Premier tour.**
4. Croisez le matériel tenu dans votre main droite sur l'index de votre main gauche. Maintenant, ce matériel doit être saisi entre le pouce et l'index de la main gauche, et relâché par la main droite. Une boucle sera formée, maintenue tendue par l'index gauche.
5. Utilisez votre main droite pour pousser le matériel (que vous venez de transférer) derrière l'index gauche, à travers la boucle vers l'avant et vers l'extérieur. **Fig. B: Faire ressortir la première boucle.**
6. Avec votre main droite, tirez le matériel hors de la boucle, et loin de vous. Tirez l'autre extrémité vers vous. Ceci termine la première demi-clé du nœud carré. **Fig. C: Serrage du premier nœud.**
7. Pour la deuxième demi-clé, faites passer le matériel que vous tenez dans votre main droite par-dessus votre pouce gauche et sous celui-ci. **Fig. D: Deuxième tour.**
8. Retirez votre pouce et serrez les extrémités libres, avec votre main gauche éloignée de vous, et la main droite vers vous. **Fig. E: Nœud final.**

Ce nœud doit être largement pratiqué par les étudiants. Si le nœud est mal fait, il risque de se transformer en nœud de vache (décrit dans une section suivante). Ceci n'est pas souhaitable car celui-ci est beaucoup moins stable et a tendance à glisser. Un autre inconvénient de ce nœud est que même l'opérateur a tendance à faire ce nœud en utilisant des tensions différentes. Par conséquent, si deux nœuds plats sont placés l'un à côté de l'autre par un chirurgien inexpérimenté, la plaie peut s'élargir légèrement en raison de la différence de tension entre les deux nœuds plats.

Nœud Chirurgien

Le nœud chirurgien est le plus souvent utilisé lorsque les plaies sont fermées sous tension. Ce nœud implique l'utilisation de «tours» ou de boucles supplémentaires, qui renforcent la sécurité du nœud et l'empêchent de lâcher.

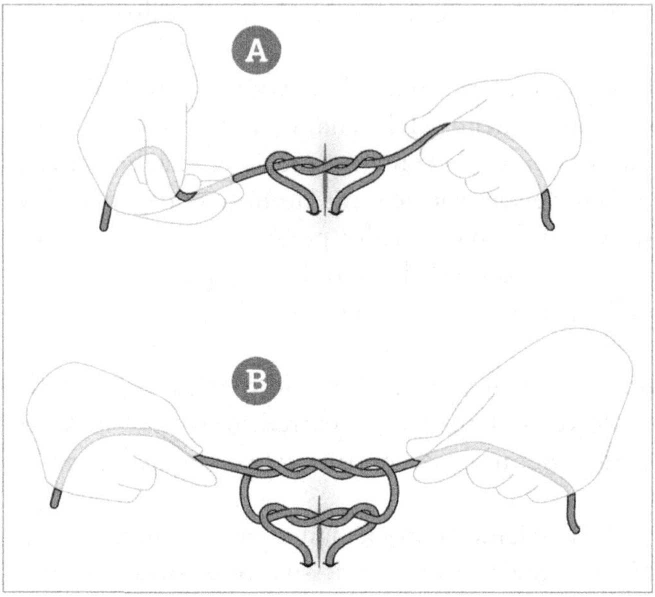

1. Faites passer le matériel de suture en dessous du récipient.
2. Tenez le matériel entre les deux mains, la main droite près de vous et la main gauche loin de vous. Pincez le matériel entre le pouce et l'index des deux mains.
3. Passez le matériel que vous tenez dans la main droite par-dessus l'index de la main gauche, et tirez l'extrémité libre sous le matériel tendu entre les deux mains.
4. Répétez le processus de bouclage autour de l'index et tirez une fois de plus le matériel libre.
5. Serrez le nœud en tirant votre main gauche vers vous et votre main droite vers l'extérieur. Ceci complète le premier tour. **Fig. A: Premier tour.**
6. Pour le tour suivant, faites une boucle du matériel tenu dans votre main droite autour de votre pouce gauche, et utilisez le pouce pour pousser l'extrémité libre loin de vous.

7. Répétez le processus de bouclage sur votre pouce et repoussez le matériel.
8. Prenez l'extrémité libre dans votre main droite et serrez en tirant votre main droite vers vous et votre main gauche loin de vous. Ceci termine le deuxième tour. **Fig. B: Deuxième tour.**

Si une plaie peut être rapprochée à l'aide d'un nœud carré, le nœud chirurgien ne doit pas être utilisé dans ce cas. En effet, ce nœud est plus volumineux qu'un nœud carré et présente donc plus de risques de pincement de corps étrangers et de réactions des tissus. Ce n'est que lorsque les bords de la plaie ne sont pas rapprochés par un nœud plat que l'opérateur doit envisager d'utiliser un nœud chirurgien.

Nœud De Vache

Le nœud de vache n'est pas couramment utilisé pour la fermeture des plaies, car il a tendance à lâcher et peut ne pas être assez solide. Il est rarement utilisé, lorsque la retouche du serrage du nœud est souhaitée.

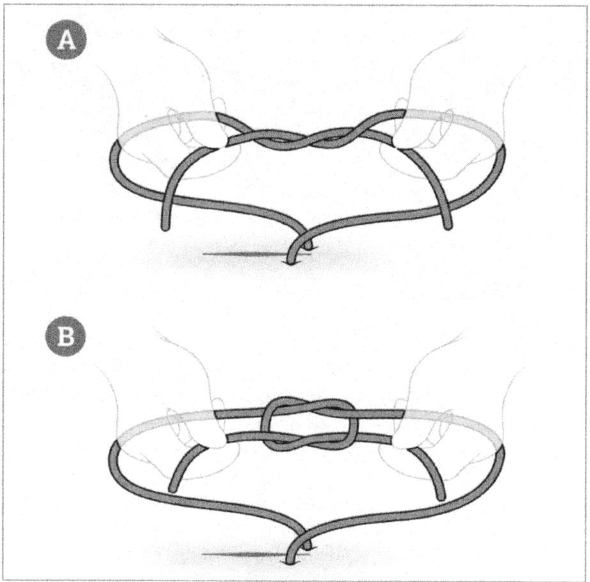

1. Faites passer le matériel de suture sous le récipient.
2. Tenez une petite longueur de matériel dans chaque main, et rapprochez vos mains.

3. Croisez le matériel de votre main gauche sur celui de votre main droite.
4. Poussez le matériel qui était dans la main gauche sous le matériel de la main droite, et amenez-le vers vous et sur le matériel de la main droite une fois de plus. **Fig. A: Premier tour.**
5. Croisez à nouveau le matériel de la main gauche sur celui de la main droite, et faites une boucle en dessous, dans votre direction, et à nouveau sur le matériel de la main droite. **Fig. B: Deuxième tour.**
6. Tirez fermement les deux extrémités du matériel, dans une direction horizontale, en les éloignant l'une de l'autre.

Nœud Coulant

Le nœud coulant est utile lorsque le chirurgien doit contrôler la tension sous laquelle la plaie est fermée. Le nœud coulant permet de serrer ou de desserrer le nœud à volonté.

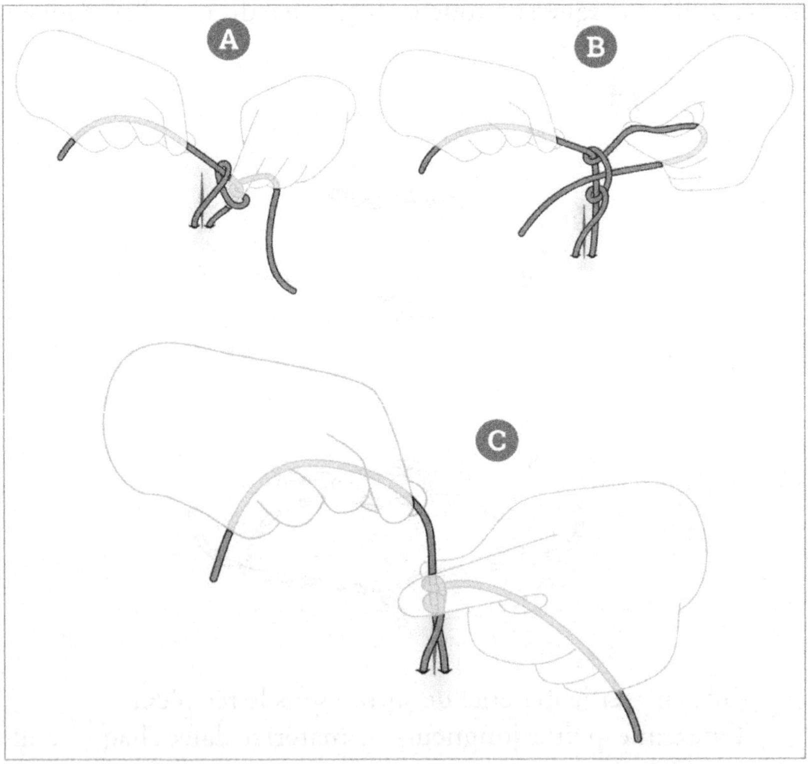

1. Faites passer le matériel de suture sous le récipient.
2. La main droite doit être gardée près de vous, utilisez-la pour tenir une longueur plus courte de matériel entre votre pouce et votre index.
3. La main gauche, qui est éloignée de vous, doit tenir une plus grande longueur de matériel entre votre pouce et votre majeur, à une distance de vous.
4. Tout en ressortant l'index de votre main gauche, passez le matériel de votre main droite autour de l'index gauche et accrochez-le. **Fig. A: Premier tour.**
5. Faites passer le matériel de la main gauche dans ce crochet, et tirez-le.
6. Répétez à nouveau le «crochet» et serrez le nœud. **Fig. B: Deuxième tour.**
7. Vous constaterez que ce nœud «glisse» facilement et que vous pouvez le pousser vers le bas sur le récipient avec votre main gauche, tout en maintenant l'autre extrémité serrée avec la main droite. **Fig. C: Pousser le nœud vers le bas.**
8. Généralement, un nœud coulant est complété par deux nœuds plats supplémentaires pour plus de sécurité. Il s'agit d'une étape importante, faute de quoi la plaie risque de se défaire à la longue. La partie ci-dessous en donne une description.

Le nœud de vache et le nœud coulant sont tous deux utiles pour les cavités corporelles plus profondes. Dans ces cas, le nœud peut être noué à un niveau superficiel et peut ensuite être glissé jusqu'à la partie plus profonde où il doit être placé.

Nœud Plat

Comme mentionné précédemment, ce nœud est similaire à un nœud carré, mais il est posé à l'aide d'un instrument. Il est utilisé dans la plupart des techniques de suture pour la fermeture des plaies.

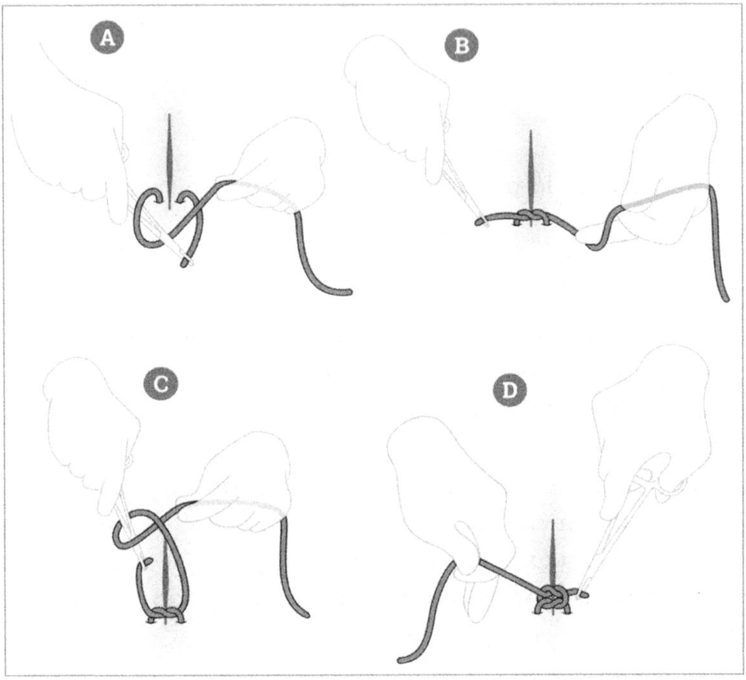

1. Faites passer le matériel de suture sous le récipient de manière à ce qu'une partie plus longue soit près de vous et une partie plus courte loin de vous.
2. Prenez le porte-aiguille dans votre main droite et saisissez l'extrémité libre du matériel qui se trouve près de vous avec votre main gauche.
3. Passez l'extrémité longue sur le porte-aiguille une fois, dans le sens horaire. **Fig. A: Premier tour et première prise.**
4. À l'aide du porte-aiguille, saisissez l'autre extrémité du matériel et tirez-la en rapprochant l'extrémité la plus courte vers vous et en éloignant l'extrémité la plus longue. **Fig. B: Serrage.**
5. Passez à nouveau l'extrémité la plus longue du matériel sur le porte-aiguille, cette fois dans le sens anti-horaire. **Fig. C: Deuxième tour et deuxième prise.**

6. Saisissez l'extrémité la plus courte avec le porte-aiguille et tirez-la en l'éloignant de vous, tandis que l'extrémité longue se rapproche de vous. **Fig. D: Nœud final.**

Nœud De Miller

Le nœud de Miller, ou sa version modifiée (également appelée nœud de strangulation), est utilisé pour la ligature des vaisseaux sanguins et des pédicules. Ce nœud offre une sécurité supplémentaire et est très utile pour attacher des pédicules plus importants. Cette opération peut être effectuée à la main ou à l'aide d'un instrument.

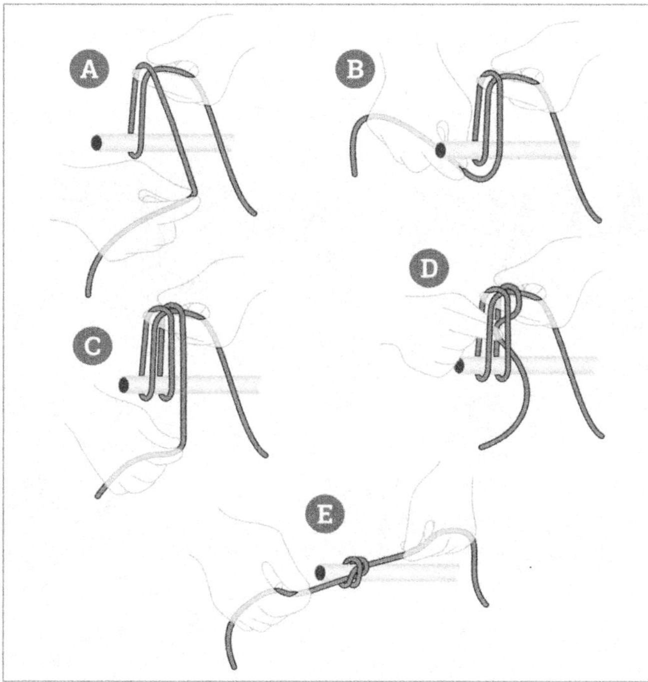

1. Faites passer le matériel de suture en dessous du récipient, en gardant la main droite près de vous et la main gauche éloignée.
2. Passez le matériel de votre main droite sur votre index gauche et pincez-le. **Fig. A: Premier tour.**
3. Passez l'extrémité libre du même matériau autour du récipient, autour de votre index, et pincez-la également entre votre pouce et votre index gauches. **Fig. B: Saisir et tirer. Fig. C: Deuxième tour.**

4. Prenez le porte-aiguille et passez-le dans la boucle, et en utilisant celle-ci, saisissez l'extrémité libre. **Fig. D: Tirer à travers la boucle.**
5. Tirez pour serrer, en ramenant votre main gauche vers vous et votre main droite loin de vous. **Fig. E: Dernier serrage.**
6. Le nœud de Miller peut être noué d'une autre manière similaire **(MILLER 2).** Dans ce cas, le matériel doit être passé sous le récipient et sur votre index gauche trois fois, au lieu de deux. **Fig. A à D: Trois boucles.** L'extrémité libre du matériel doit être tirée à travers la boucle centrale tenue par votre main gauche, puis saisie par votre main droite. **Fig. E: Tirer à travers la boucle du milieu.** Finalement, tirez fermement en éloignant votre main droite de vous et en rapprochant votre main gauche. **Fig. F: Dernier serrage.**

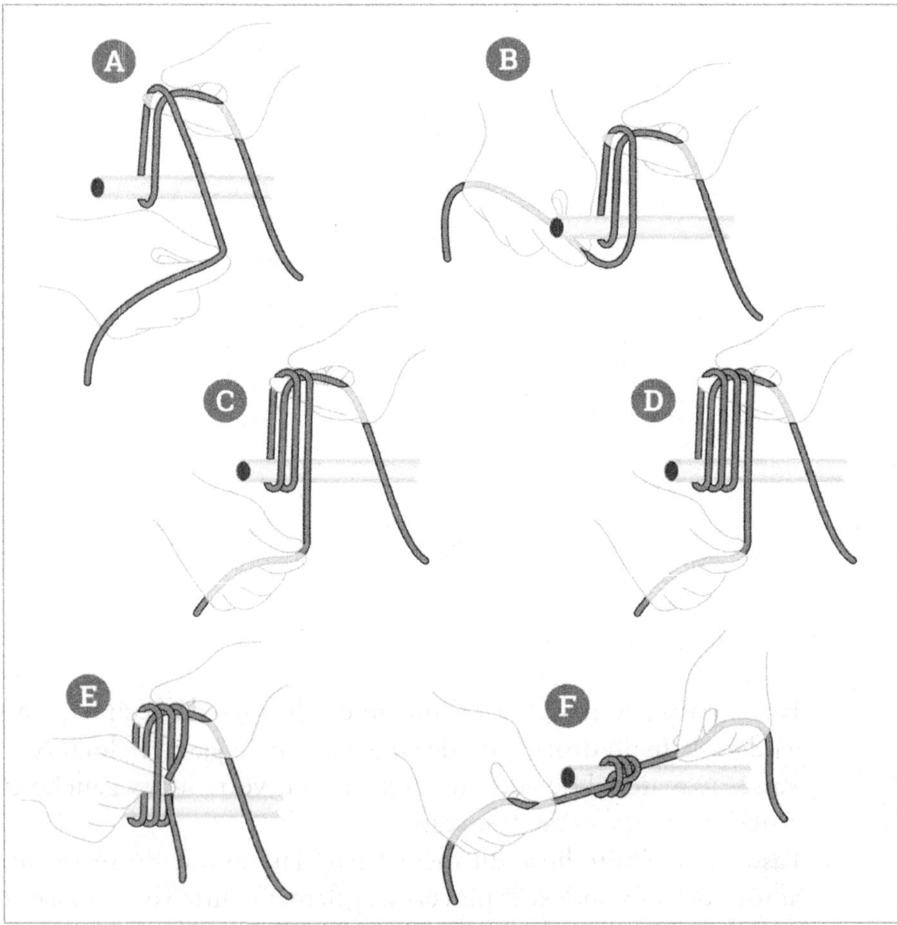

Nœud D'aberdeen

Ce nœud est utilisé à l'extrémité des sutures continues, en utilisant le matériel lâche de la partie précédente comme boucle.

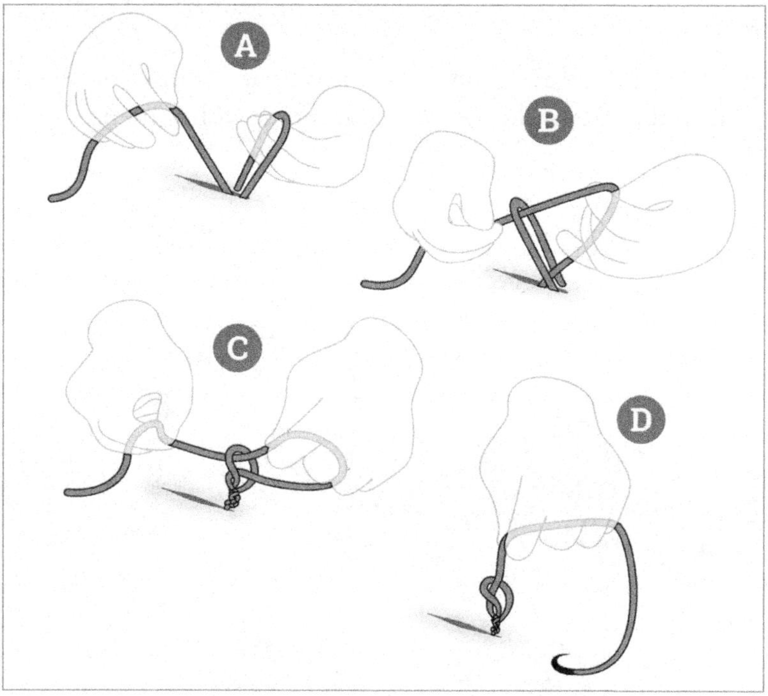

1. La boucle lâche de la partie précédente doit être tenue dans la main gauche, la longue extrémité du matériel de suture contenant l'aiguille dans la main droite. **Fig. A: Tenir la boucle initiale dans une main.**
2. Avec les doigts de la main gauche, tirez la longue extrémité en une boucle, et faites-la passer dans la boucle existante. **Fig. B: Créer la deuxième boucle.**
3. L'ancienne boucle se pose sur la plaie, et la nouvelle boucle est maintenant tenue dans votre main.
4. Répétez le processus au moins six à huit fois pour une sécurité maximale. **Fig. C: Après avoir placé six à huit boucles.**
5. À la fin, faites passer l'aiguille elle-même dans la dernière boucle et tirez fermement. L'extrémité libre peut être coupée. **Fig. D: Tirer l'aiguille à travers la dernière boucle.**

Le nœud d'Aberdeen est préféré à l'extrémité des sutures continues car il permet au chirurgien de placer plusieurs boucles sans trop augmenter le volume du nœud.

Nœud Baril

Le nœud baril est un autre nœud qui implique l'utilisation de plusieurs tours, sans pour autant donner lieu à un nœud volumineux.

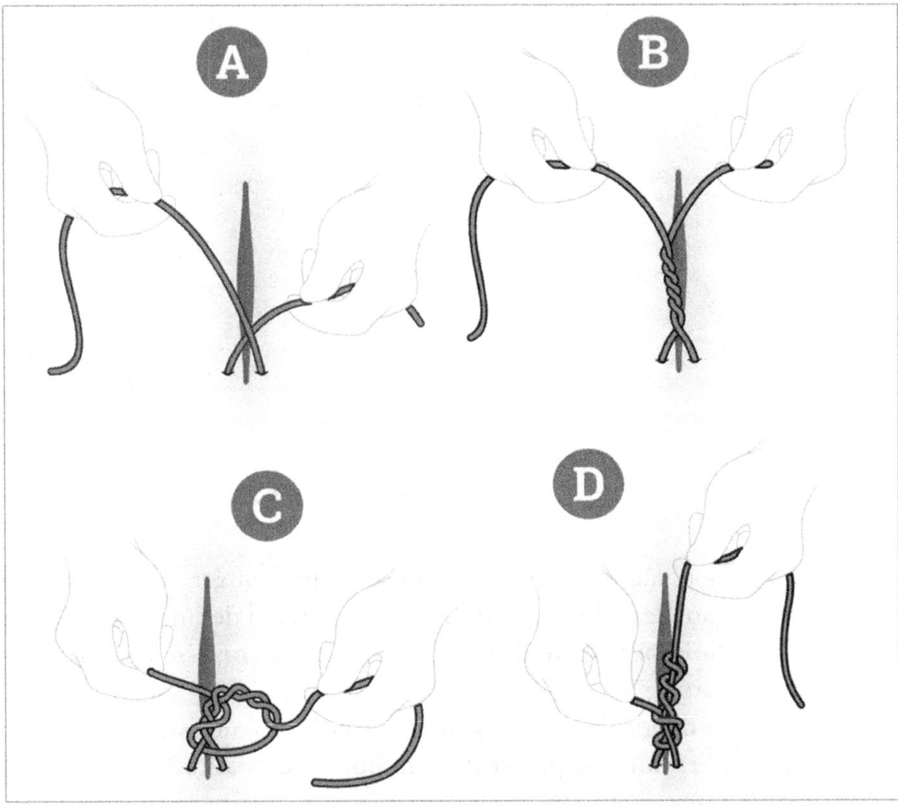

1. Faites passer l'extrémité libre du matériel de suture dans la boucle formée par la partie précédente. **Fig. A: Boucle initiale.**
2. Prenez l'extrémité libre du matériel, et enroulez-la autour d'elle-même six à huit fois. **Fig. B: Six à huit bouts.**
3. Passez l'extrémité libre du matériel de suture dans la boucle formée entre la boucle initiale et le premier tour.

4. Passez maintenant l'extrémité libre du matériel de suture dans la boucle formée dans l'étape précédente. **Fig. C: Passer à travers la boucle initiale et la dernière boucle.**
5. Tirez sur l'extrémité libre pour bien fixer le nœud. **Fig. D: Tirer pour fixer le nœud.**

Nœud De Transfert

Ce nœud est un exemple de nœud autobloquant. Il offre une sécurité supplémentaire et ne glisse pas.

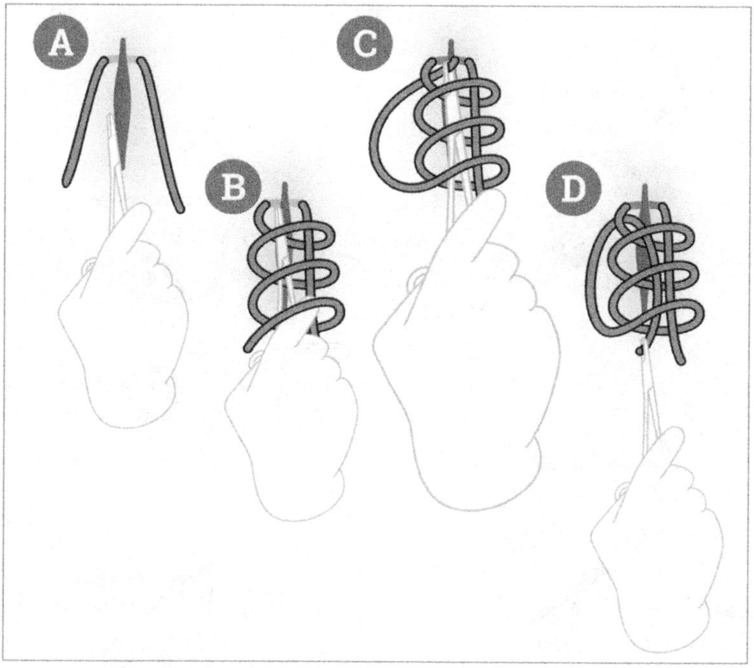

1. Pour faire ce nœud, on commence par faire une piqûre dans le tissu.
2. Placez le porte-aiguille à côté de l'extrémité la plus longue du matériel de suture (l'extrémité qui pénètre dans le tissu). **Fig. A: Placer le porte-aiguille à proximité de l'extrémité longue.**
3. Enroulez l'extrémité libre (l'extrémité qui sort du tissu et qui contient l'aiguille) autour de l'extrémité longue du matériel et du porte-aiguille plusieurs fois. **Fig. B: Enrouler l'extrémité libre autour de l'extrémité longue et du porte-aiguille.**

4. Saisissez ensuite l'extrémité libre du matériel (avec l'aiguille) à l'aide du porte-aiguille. **Fig. C: Saisir l'extrémité libre.**
5. Tirez l'extrémité libre avec le porte-aiguille serré. Le nœud va se verrouiller et se poser sur le tissu. **Fig. D: Tirez fermement.**

Nœud De Delimar

Le nœud de Delimar est généralement utilisé lors de procédures endoscopiques. Il est particulièrement utile lors d'une arthroscopie. Le nœud est réalisé en suivant les étapes indiquées ci-dessous:

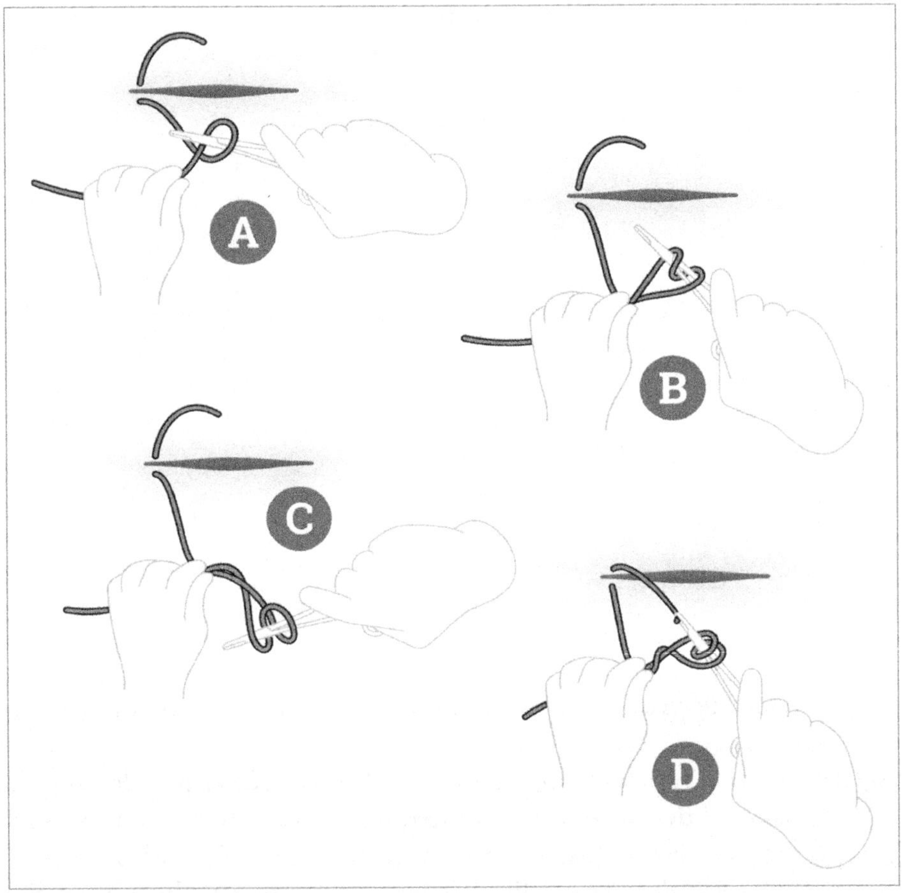

1. Saisissez le porte-aiguille dans votre main droite, et faites une boucle en utilisant la longue extrémité du matériel à proximité de l'aiguille. **Fig. A: Boucler l'extrémité longue.**

2. Prenez l'extrémité libre du matériel dans votre main gauche. Passez-la sur la boucle faite dans la partie précédente, et sous la pointe du porte-aiguille. **Fig. B: Passer sur la boucle précédente.**
3. Répétez le processus avec deux autres boucles. **Fig. C: Torsion supplémentaire.**
4. Saisissez maintenant l'extrémité libre avec le porte-aiguille, tirez à travers les boucles et serrez le nœud. **Fig. D: Saisir et tirer l'extrémité libre.**

Nœud Constricteur

Ce nœud est utilisé pour la ligature des vaisseaux sanguins et est censé offrir une plus grande sécurité que le nœud de Miller. Ce nœud peut être fait comme suit:

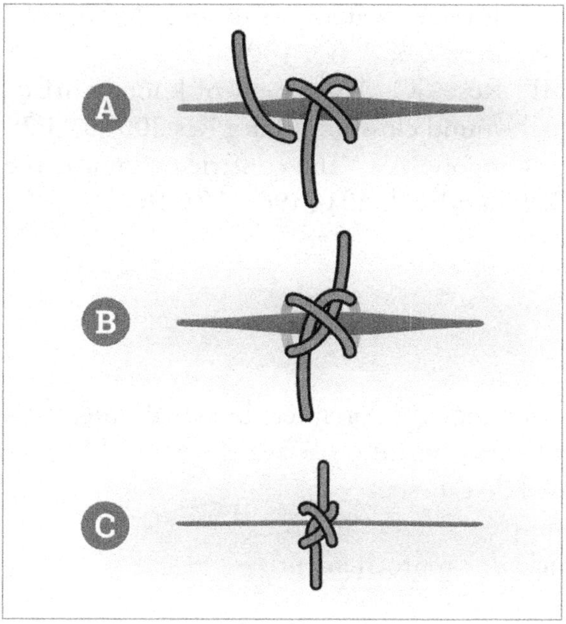

1. Faites passer le matériel de suture sous le vaisseau sanguin à ligaturer, de manière à ce qu'une extrémité soit tournée vers vous et l'autre éloignée de vous.
2. Pliez l'extrémité qui se trouve vers vous au-dessus du vaisseau sanguin et loin de vous. **Fig. A: Plier l'extrémité proche au-dessus et autour.**

3. Pliez l'extrémité éloignée de vous sur le récipient dans votre direction, puis sous le récipient dans la direction opposée, créant ainsi une boucle. **Fig. B: Plier l'extrémité éloignée vers le bas et sous la boucle.**
4. Insérez le porte-aiguille dans cette boucle.
5. Tournez maintenant l'extrémité libre de la boucle derrière l'autre extrémité libre du tissu, et saisissez-la avec le porte-aiguille.
6. En vous servant du porte-aiguille, tirez les extrémités libres en les serrant. **Fig. C: Tirez fermement.**

Références

1. Brown RP: Knotting technique and suture materials. Br J Surg 1992;79(5):399-340
2. Silver E, Wu R, Grady J, Song L. Knot Security- How is it Affected by Suture Technique, Material, Size, and Number of Throws? J Oral Maxillofac Surg 2016; 74(7): 1304-1312
3. Richey ML, Rose SC: Assessment of knot security in continuous intradermal wound closures. J Surg Res 2005;123:284-288
4. Taylor H, Grogono AW. The constrictor knot is the best ligature. Ann R Coll Surg Engl. 2014 (96): 101-105

AUTO-ÉVALUATION

1. Comment s'appelle la première boucle du nœud ?
   a. Boucle de sécurité
   b. Nœud de cabestan
   c. Demi-clé
   d. Boucle de rapprochement

2. Lequel des facteurs suivants n'affecte pas la sécurité des nœuds ?
   a. Technique chirurgicale
   b. Matériel de suture
   c. Diamètre de la suture
   d. Nombre de tours

3. Après avoir placé la dernière boucle, dans quelle direction les extrémités libres de la suture doivent-elles être tirées ?
   a. Verticale
   b. Horizontale
   c. À un angle aigu
   d. À un angle obtus

4. Lequel des nœuds suivants est intrinsèquement le plus faible ?
   a. Nœud carré
   b. Nœud chirurgien
   c. Nœud de vache
   d. Nœud plat

5. Lesquels des nœuds suivants sont identiques ?
   a. Nœud plat et nœud coulant.
   b. Nœud plat et nœud carré
   c. Nœud plat et nœud chirurgien
   d. Nœud plat et nœud de Miller

6. Lequel des nœuds suivants permet au chirurgien de contrôler la tension de la plaie ?
   a. Nœud coulant
   b. Nœud carré
   c. Nœud plat
   d. Nœud de vache

7. Lequel des nœuds suivants peut être utilisé pour ligaturer des vaisseaux sanguins volumineux ?
   a. Nœud d'Aberdeen
   b. Nœud carré
   c. Nœud de Miller
   d. Nœud chirurgien

8. Lequel des nœuds suivants est utilisé pour poser les sutures endoscopiques ?
   a. Nœud de Miller
   b. Nœud d'Aberdeen
   c. Nœud de transfert
   d. Nœud de Delimar

9. Lequel des nœuds suivants ne convient pas pour les sutures de point devant ?
   a. Nœud d'Aberdeen
   b. Nœud coulant
   c. Nœud baril
   d. Nœud de transfert

10. Quelle est l'indication permettant de poser un nœud chirurgien ?
   a. Fermeture de la plaie sous tension
   b. Ligature des vaisseaux sanguins volumineux
   c. Sutures de point devant
   d. Suture endoscopique

CHAPITRE 4

Techniques De Suture - Sutures De Base Et Modifications

Toutes les techniques de suture reposent sur quatre ou cinq sutures de base, qui peuvent être modifiées et appliquées à plusieurs situations cliniques. Ce chapitre traite de ces sutures de base, ainsi que de leurs modifications directes. Les débutants doivent d'abord apprendre à exécuter toutes les techniques de suture de base avec maîtrise et rapidité, avant de tenter d'apprendre les modifications.

SUTURE SIMPLE À POINTS SÉPARÉS

Les débutants doivent toujours commencer par apprendre la suture simple à points séparés. Une fois que vous maîtrisez cette méthode de suture, vous pouvez passer aux techniques suivantes.

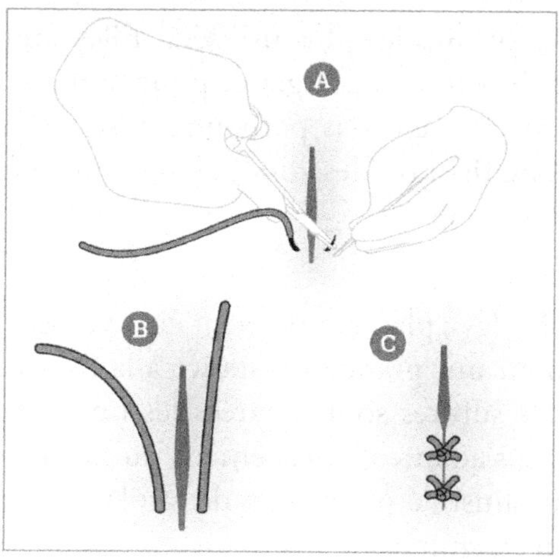

Technique:

1. Commencez toujours la suture simple à points séparés au centre de la plaie. Une fois le premier point placé, vous pouvez placer des points successifs à des intervalles de 0,5 cm de chaque côté, jusqu'à ce que vous atteigniez la périphérie de la plaie.
2. À l'aide de la pince à tissus, retournez le premier bord de la plaie et insérez l'aiguille à travers la surface superficielle jusqu'à la partie la plus profonde du bord de la plaie.
3. Retirez l'aiguille lorsqu'elle ressort de la surface profonde, en ne laissant qu'une courte longueur (environ 2 à 3 cm) à la première extrémité.
4. Insérez l'aiguille dans la partie profonde du bord opposé de la plaie. Déplacez la pince à tissus vers ce bord de la plaie, tout en insérant l'aiguille. **Fig. A: Piqûres.**
5. Retirez l'aiguille au moment où elle ressort de la partie superficielle, et tendez bien tout le matériel entre les deux bords. Récupérez le matériel en le faisant tourner autour de votre main non dominante. La longueur initiale de 2 à 3 cm de matériel qui a été laissée derrière doit rester telle quelle et être utilisée pour faire des nœuds. **Fig. B: Avant de poser le nœud.**
6. Posez un nœud plat comme décrit dans la partie précédente. **Fig. C: Nœud final.**
7. Coupez les deux extrémités de la suture.

Indications et contre-indications:

- Ce sont les sutures les plus utilisées. Elles sont particulièrement utiles dans les services d'urgence pour fermer les lacérations.
- Elles ne conviennent pas pour une pose au niveau des couches profondes de tissu ou des zones extrêmement esthétiques.

Avantages:

- Elles sont faciles à placer et peuvent être réalisées par des débutants.
- Elles assurent une grande résistance à la traction de la plaie
- Comme ces sutures sont séparées les unes des autres, elles sont capables de s'adapter efficacement au gonflement des tissus et empêchent ainsi l'étouffement de la plaie et une altération de la circulation sanguine.

- La profondeur et la distance des sutures peuvent être ajustées par le chirurgien en fonction du contour de la plaie. Ceci est particulièrement utile dans le service des urgences où les lacérations sont rarement des incisions nettes.
- Si une partie de la suture lâche, les autres sutures à points séparés peuvent encore maintenir les bords de la plaie ensemble. Ainsi, l'intégrité de l'ensemble de la ligne de suture n'est pas perdue.

Inconvénients:

- Chaque suture nécessitant un nœud individuel, leur pose prend beaucoup de temps.
- Les sutures ont tendance à laisser des marques de quadrillage sur la peau en raison des multiples nœuds. Les marques de quadrillage peuvent être évitées en retirant rapidement les sutures au cinquième jour.

Modification: La suture simple cachée

Cette technique est utilisée pour la fermeture des couches profondes de la plaie avant la fermeture de la peau. Les étapes de la pose d'une suture simple cachée sont les suivantes:

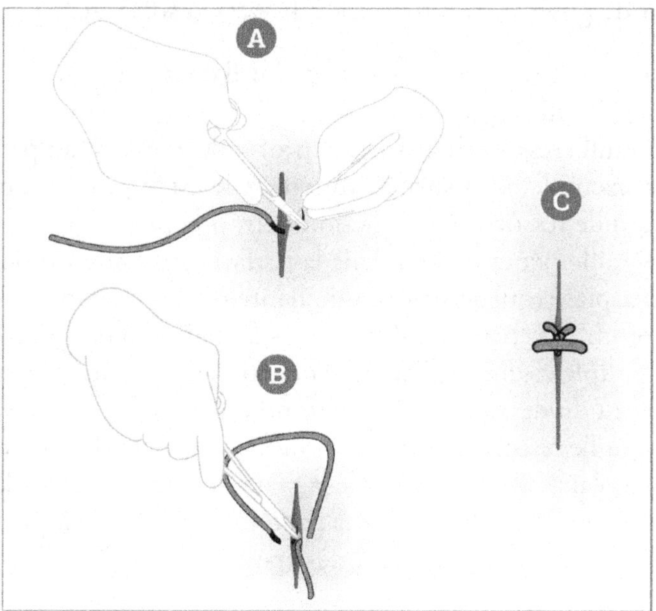

1. La première piqûre se fait de la partie profonde de la plaie vers la partie superficielle (contrairement à la suture à points séparés régulière, où la première piqûre va de la partie superficielle à la partie profonde). **Fig. A: Première piqûre.**
2. La deuxième piqûre se fait de la partie superficielle du bord de la plaie opposée, vers la partie profonde (là encore, contrairement à la suture à points séparés régulière, qui va de la partie profonde à la partie superficielle). **Fig. B: Seconde piqûre.**
3. Recueillez le matériel, comme décrit précédemment, et posez un nœud plat.
4. Une fois que le nœud est serré, vous remarquerez qu'il est «caché», c'est-à-dire qu'il a tendance à se trouver dans la partie la plus profonde de la couche profonde. Ceci est utile car ce nœud n'interfère pas avec la suture d'une couche plus superficielle. **Fig. C: Le nœud «caché».**

Modification: La suture simple à points séparés à correction de profondeur

Cette technique est utilisée lorsqu'il y a une différence de profondeur de la plaie entre les deux bords. Ceci peut être soit anatomique, soit induit par une fermeture incorrecte des couches plus profondes. La technique permettant de poser cette suture modifiée est la suivante:

1. Percez la surface superficielle du bord de la plaie qui est plus haute que le bord opposé.
2. L'aiguille ressort de la surface profonde à un niveau peu profond. Par exemple, si la surface superficielle est la peau, on peut laisser l'aiguille ressortir à la jonction dermo-épidermique.
3. L'aiguille pénètre alors dans la surface profonde du bord opposé de la plaie (qui se situe à une hauteur plus basse), non pas à une profondeur correspondante, mais à un niveau plus profond. Dans l'exemple ci-dessus, l'aiguille pénètre dans la surface profonde, au niveau du derme ou plus profondément.
4. L'aiguille ressort ensuite sur la surface superficielle du bord opposé de la plaie, à une distance de la plaie similaire à celle de la première insertion. Notez que seule la profondeur diffère, et que la distance par rapport à la plaie ne diffère pas.

5. Un nœud plat est ensuite posé. Le nœud doit être suffisamment serré, mais pas trop, car cela donnerait un aspect inégal à la ligne de suture.

SUTURE SIMPLE DE POINT DEVANT

La suture simple de point devant est un type de suture continue qui peut commencer à une extrémité de la plaie et se poursuivre sur toute sa longueur jusqu'à l'autre extrémité. Aucun nœud n'est placé entre les deux, et un seul nœud est posé à la fin de la longueur de la plaie.

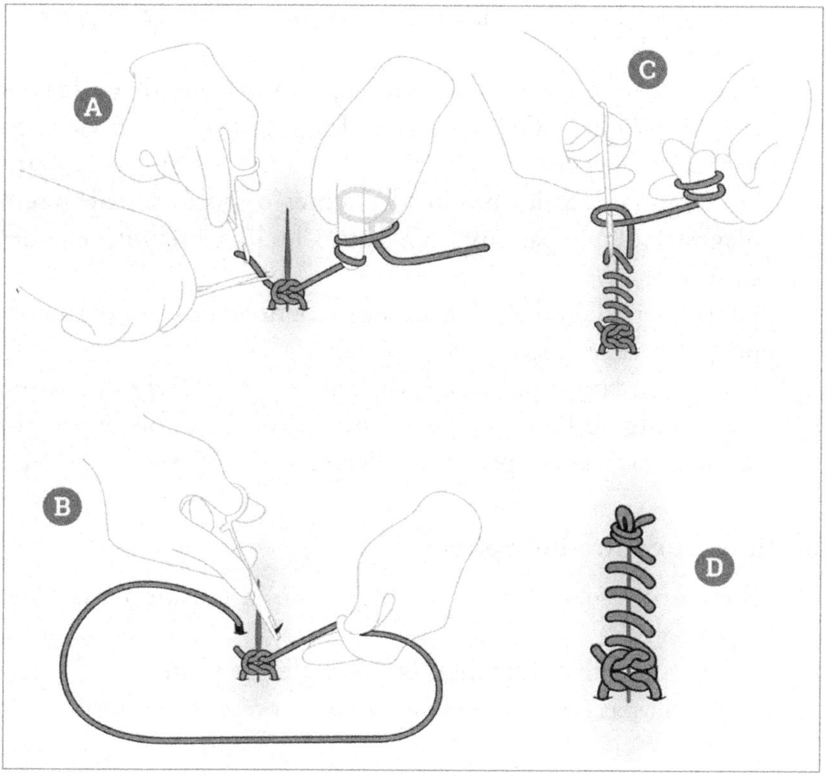

Technique:

1. La première partie de la suture de point devant est similaire à la suture à point séparés.
2. L'aiguille est insérée par la partie superficielle d'un bord de la plaie, puis retirée par la partie profonde.

3. L'aiguille est ensuite insérée dans la partie profonde du bord de la plaie opposée, puis retirée par la partie superficielle.
4. Comme pour la suture à points séparés, un nœud plat est posé.
5. Maintenant, au lieu de couper les deux extrémités de la suture, seule l'extrémité la plus courte est coupée et l'extrémité la plus longue du matériel contenant l'aiguille est laissée intacte. **Fig. A: Couper l'extrémité la plus courte uniquement.**
6. L'aiguille est ramenée au bord de la plaie initiale, et réinsérée de la partie superficielle à la partie profonde, à quelques millimètres de la première insertion.
7. Sur un point parallèle du bord opposé de la plaie, l'aiguille est insérée et ressortie de la profondeur vers la surface. **Fig. B: Poser des piqûres continues.**
8. Le processus est répété en boucle sur toute la longueur de la plaie.
9. Il faut garder à l'esprit que si les piqûres des côtés opposés sont directement en face l'un de l'autre, la suture apparaîtra en diagonale. Si les piqûres des côtés opposés sont légèrement diagonaux l'une par rapport à l'autre, les lignes de suture semblent droites.
10. La dernière section est laissée légèrement lâche pour permettre de poser le nœud. **Fig. C: Pose du nœud.**
11. Le nœud plat est placé en saisissant la partie «lâche» de la piqûre précédente au lieu d'une extrémité libre. Une fois le nœud fait, les deux extrémités peuvent être coupées. **Fig. D: Nœud final.**

Indications et contre-indications:

- Il est utilisé dans les plaies longues où la tension de la plaie est minimale.
- Utilisé pour fixer les rabats et les greffes de peau.
- Il ne doit pas être utilisé dans les plaies présentant un risque accru de déhiscence.

Avantages:

- Il y a moins de cicatrices que pour les sutures interrompues, car il y a moins de nœuds.
- Il est plus pratique et plus rapide à placer.

Inconvénients:

- Si une partie de la suture lâche, l'intégrité de l'ensemble de la plaie peut être compromise.
- Il est difficile de faire des ajustements fins le long des contours d'une plaie irrégulière.

Modification: La suture de point devant verrouillée

À une différence près, la suture de point devant verrouillée est posée presque exactement de la même manière que la suture simple de point devant. Chaque section de la suture est «verrouillée» en faisant passer l'aiguille dans le matériel. La technique est la suivante:

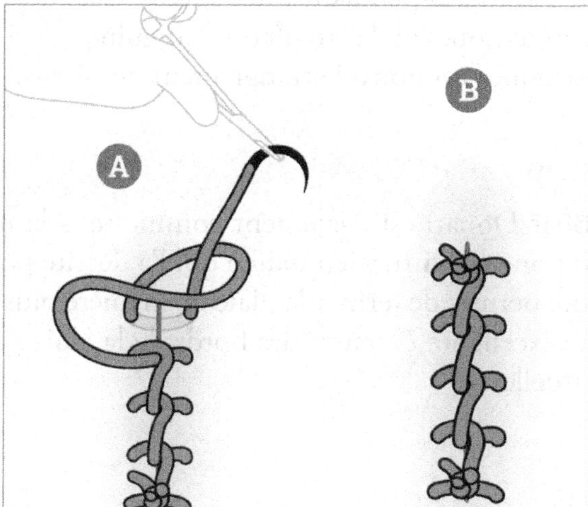

1. L'aiguille est insérée à travers un bord de la plaie, de la partie superficielle à la partie profonde, et ressortie du bord de la plaie, de la partie profonde à la partie superficielle.
2. Un nœud plat est posé, et l'extrémité courte du matériel de suture est coupée.
3. Comme pour la suture simple de point devant, l'aiguille est à nouveau introduite par le premier bord de la plaie et ressort par l'autre, à quelques millimètres des premières piqûres.
4. Cependant, après la sortie de l'aiguille, elle doit être tirée à travers la boucle de la partie précédente, ce qui la «verrouille». **Fig. A: Tirer l'aiguille à l'intérieur de la boucle.**

5. Ce processus est répété, et chaque partie est «verrouillée» avec la précédente sur toute la longueur de la plaie.
6. Cependant, la dernière section ne doit pas être verrouillée et doit être laissée libre pour faciliter la mise en place d'un nœud plat.
7. Après avoir posé le nœud plat, en utilisant la «boucle» de la piqûre précédente, les extrémités libres sont coupées. **Fig. B: Pose du nœud.**

La suture de point devant verrouillée est généralement posée dans les zones qui nécessitent une résistance à la traction plus élevée, comme un rabat qui est inséré dans une zone receveuse et qui doit établir la guérison et la circulation autour de ses bords. Il est également utile dans les zones où une hémostase est nécessaire, ou dans les zones qui ont tendance à saigner abondamment, comme les plaies du cuir chevelu. Cependant, cette suture n'est pas adaptée aux zones où la circulation sanguine est affectée, car cette suture peut provoquer un nouvel étranglement des tissus.

SUTURE DE BLAIR-DONATI

La suture de Blair-Donati est également connue sous le nom de «point de Donati», du nom du chirurgien italien qui l'a décrite pour la première fois. Cette suture permet de fermer la plaie de manière plus sûre. De plus, elle permet une excellente éversion des bords de la plaie par rapport à la technique habituelle.

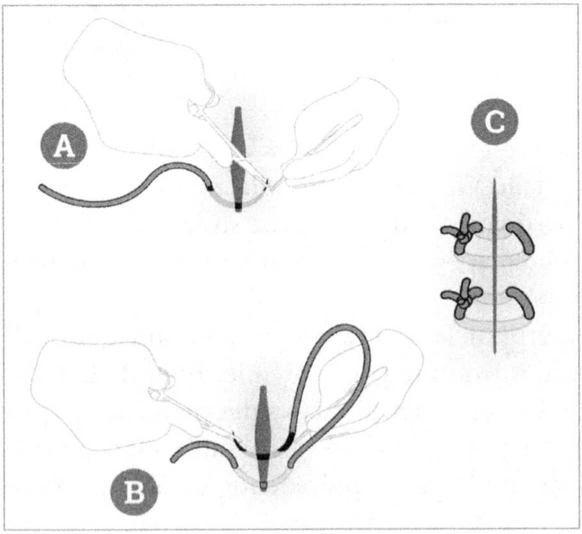

Technique:

1. L'aiguille est insérée de la partie superficielle à la partie profonde de la surface de la plaie, un peu à l'écart du bord de la plaie, environ 4 à 8 mm.
2. L'aiguille, lorsqu'elle sort de la surface profonde, doit se trouver à un niveau plus profond, de préférence jusqu'au derme.
3. L'aiguille pénètre ensuite dans la partie profonde du bord de la plaie du côté opposé, au même niveau, c'est-à-dire jusqu'au derme.
4. L'aiguille ressort sur la partie superficielle du bord opposé de la plaie, toujours à une distance de 4 mm à 8 mm de la plaie. **Fig. A: Piqûres lointaines.**
5. L'aiguille est inversée et insérée à nouveau sur la surface de la peau du second côté, mais cette fois plus près du bord de la plaie (environ 1 à 2 mm de la plaie).
6. L'aiguille doit ressortir sur la surface profonde plus superficielle que les piqûres précédentes (au niveau ou au-dessus du derme).
7. L'aiguille est insérée sur la surface profonde du premier côté, à la même profondeur.
8. Elle est sortie sur la surface superficielle du premier côté, toujours plus près du bord de la plaie (1 à 2mm de la plaie). **Fig. B: Piqûres proches.**
9. Un nœud plat est ensuite appliqué, et les deux extrémités de la suture sont coupées.
10. Cette opération peut être répétée sur toute la longueur de la plaie. **Fig. C: Après la pose du nœud.**

Indications et contre-indications:

- Cette technique est appliquée dans les zones sujettes à l'inversion, par exemple la fermeture de la peau après l'excision d'un kyste dermoïde. L'éversion supplémentaire apportée par la technique d'éversion permet d'obtenir une cicatrice plate.
- Elle est utilisée lorsque la fermeture est effectuée sur des structures anatomiques importantes, car elle offre une résistance supplémentaire à la rupture de la plaie.
- Il est préférable de l'éviter dans les zones esthétiques, car le risque de voir apparaître des marques de suture est élevé.

Avantages:

- Elle produit une éversion significative de la plaie.
- Elle tend à réduire les espaces morts dans la plaie.
- Elle minimise la tension sur les bords de la plaie et apporte une résistance à la traction et un soutien supplémentaires à la plaie.

Inconvénients:

- Comme cette suture a deux points d'entrée et deux points de sortie, le risque de voir apparaître un quadrillage est plus élevé que celui de la suture à points séparés.
- Cette technique requiert une grande attention pour que les quatre piqûres soient symétriques. Si cela n'est pas fait, une «étagère» inesthétique pourrait se former d'un côté de la ligne de suture.

Modification: La Suture De Blair-Donati De Point Devant

Cette méthode combine les avantages de la suture de Blair-Donati et de la suture de point devant, et offre une méthode rapide pour rapprocher les bords de la plaie avec éversion. Cette technique s'effectue comme suit:

La suture traditionnelle de Blair-Donati est posée, selon les étapes décrites ci-dessus. Un nœud plat est ensuite fait.

Au lieu de couper les deux extrémités du matériel de suture, seule l'extrémité courte est coupée, et l'extrémité longue avec l'aiguille est réservée pour la suture de point devant. La technique s'effectue comme suit:

1. L'aiguille est insérée dans la partie superficielle du bord de la plaie, à une distance de 4 à 8 mm de la plaie, mais un peu plus loin horizontalement sur la longueur de la plaie.
2. Elle est sortie par la partie profonde et insérée dans la partie profonde correspondante sur le bord opposé.
3. L'aiguille est ensuite sortie à travers la surface superficielle du bord opposé, à 4 à 8 mm de la plaie.
4. L'aiguille est ensuite inversée et insérée de la partie superficielle à la partie profonde sur le deuxième bord, cette fois à 1 ou 2 mm de la plaie.
5. L'aiguille est insérée de la partie profonde à la partie superficielle du côté opposé, toujours à 1 ou 2 mm de la plaie.

6. L'aiguille est à nouveau déplacée horizontalement sur la longueur de la plaie, pour faire une piqûre de 4 à 8 mm de la plaie.
7. Le processus est répété, avec deux séries de piqûres (4 à 8mm, et 1 à 2mm) à chaque niveau, sur toute la longueur de la plaie,
8. Une fois l'extrémité de la plaie atteinte, un nœud plat est placé en utilisant la boucle libre de la partie précédente. Les deux extrémités du matériel de suture sont ensuite coupées.

Modification: Suture en poulie

La suture en poulie a été conçue pour réduire la tension sur les piqûres de chaque côté de la ligne de suture. Cela peut permettre de réduire la quantité de quadrillage et l'étouffement des tissus qui se forment. Celle-ci est placée comme suit:

1. Les étapes permettant de placer la suture en poulie sont presque identiques à celles de la suture de Blair-Donati, à l'exception de la dernière étape.
2. Avant de placer un nœud sur le premier bord de la plaie, l'aiguille est croisée sur le deuxième bord de la plaie et passe dans la «ligne» de suture verticale qui s'est formée sur ce bord.
3. L'aiguille est ensuite croisée vers le premier bord de la plaie, et le nœud plat est placé avant que les deux extrémités de la suture ne soient coupées.

Modification: Suture lointaine et proche:

Cette modification de la suture de Blair-Donati est essentiellement une modification du point en poulie. Cette technique permet d'élargir le tissu lorsque la plaie est fermée sous tension. Les étapes suivantes doivent être respectées pour les sutures lointaines et proches:

1. Le premier bord de la plaie doit être saisi et éversé à l'aide d'une pince à tissus.
2. L'aiguille est insérée à travers la partie superficielle de la peau et à travers le derme, à une distance de 4 à 6 mm du bord de la plaie (c'est ce que l'on appelle la piqûre de suture lointaine).
3. L'aiguille est tirée à travers la partie profonde de la plaie, c'est-à-dire le derme, puis insérée dans la partie profonde du côté opposé (le côté proche de l'opérateur), à la même profondeur.

4. L'aiguille est retirée à travers la partie superficielle du bord opposé, cette fois à 2 mm du bord de la plaie (on parle alors de piqûre de suture proche).
5. Maintenant, au lieu de retourner l'aiguille, il faut la faire passer au-dessus de la plaie jusqu'au premier bord de la plaie.
6. L'aiguille doit à nouveau percer la surface superficielle de la plaie, à travers la peau et le derme du bord éloigné, mais cette fois, à seulement 2 mm du bord de la plaie. Il s'agit à nouveau de la piqûre de suture proche.
7. L'aiguille est tirée à travers le derme et la peau du deuxième bord, à 4 à 6 mm de la marge. C'est la deuxième piqûre de suture lointaine.
8. Le nœud plat est ensuite posé, et les deux extrémités de la suture sont coupées.

Modification: Suture De Blair-Donati Demi-Cachée

Le principal inconvénient de la suture de Blair-Donati est la présence d'un quadrillage causé par les quatre points d'entrée utilisés. Cet inconvénient est pallié par l'utilisation de la suture demi-cachée, qui élimine deux points sur la surface. Par conséquent, elle peut être utilisée dans des domaines où l'esthétique est un souci. Elle peut être posée en suivant les étapes suivantes:

1. L'aiguille pénètre la partie superficielle d'un bord de la plaie, à environ 4 à 6 mm de celle-ci, et sort par la surface profonde.
2. Sur le bord opposé de la plaie, l'aiguille pénètre dans la surface profonde correspondante. Cependant, elle ne sort pas de la surface superficielle. Par contre, l'aiguille sort à nouveau à la surface profonde, à un niveau légèrement supérieur.
3. L'aiguille pénètre ensuite dans la surface profonde du premier bord de la plaie au même niveau supérieur, et sort par la surface superficielle, à 2 mm de la plaie.
4. Le nœud plat est ensuite posé et les deux extrémités de la suture sont coupées.
5. Cette méthode permet de s'assurer que tous les points ne se trouvent que d'un seul côté de la plaie, tandis que de l'autre côté, les marques restent invisibles.

SUTURE À POINTS DE MATELASSIER

La suture à points de matelassier est une autre technique qui permet une éversion prononcée du bord de la plaie. Cette technique incorpore beaucoup plus de tissus dans une seule suture, par rapport aux autres sutures à points séparés, et est donc souvent utilisée comme suture initiale pour maintenir les bords de la plaie ensemble.

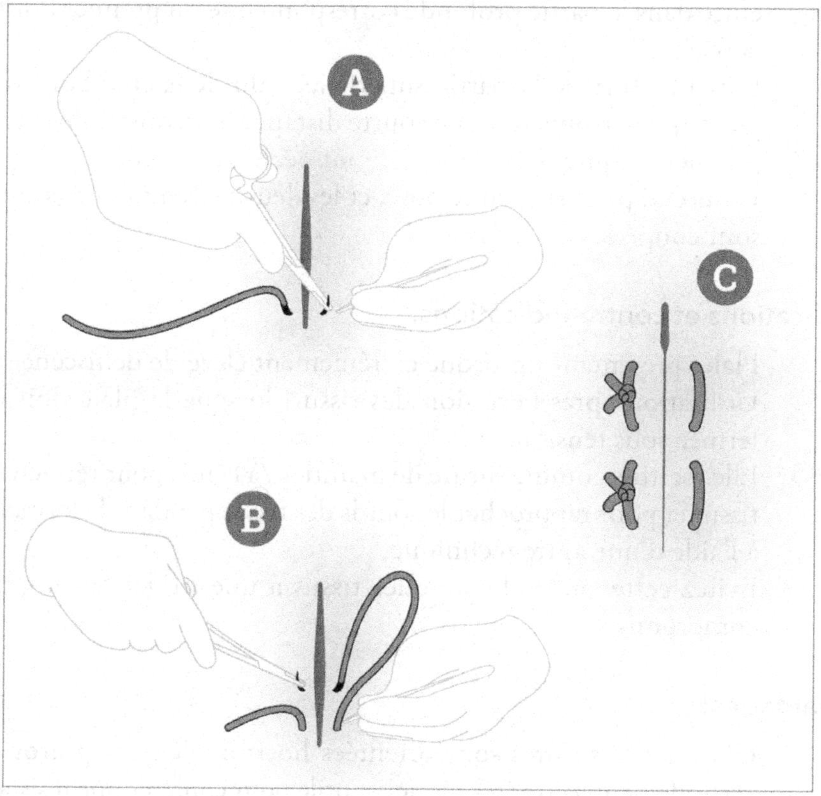

Technique:

1. L'aiguille est insérée dans la partie superficielle du bord de la plaie. L'insertion de l'aiguille doit être à une distance légèrement supérieure de la plaie par rapport à la suture interrompue, idéalement 6 à 8mm.
2. L'aiguille sort ensuite par la partie profonde du bord de la plaie et entre dans le bord opposé de la plaie à un niveau correspondant sur la partie profonde.

3. L'aiguille sort ensuite par la partie superficielle sur le bord opposé, toujours de 6 à 8 mm de la plaie. **Fig. A: Première série de piqûres.**
4. L'aiguille est ensuite inversée et réinsérée dans la partie superficielle du deuxième bord de la plaie, mais un peu plus loin sur la longueur de la plaie, dans le sens horizontal. La distance par rapport à la plaie doit rester la même (6 à 8mm).
5. L'aiguille sort de la partie profonde du second bord de la plaie et entre dans la partie profonde correspondante du premier bord de la plaie.
6. L'aiguille sort de la partie superficielle du deuxième bord de la plaie, qui se trouvera à une courte distance horizontale de la toute première piqûre. **Fig. B: Deuxième série de piqûres.**
7. Un nœud plat est ensuite posé, et les deux extrémités de la suture sont coupées. **Fig. C: Nœud.**

Indications et contre-indications:

- Plaies présentant un risque extrêmement élevé de déhiscence.
- Utilisation après l'excision des tissus, lorsque la plaie doit être fermée sous tension.
- Elle est utile comme suture de maintien, à la fois pour rétracter les tissus et pour rapprocher les bords des tissus pendant la fermeture à l'aide d'une autre technique.
- Évitez cette suture lorsque les tissus a une irrigation sanguine compromise.

Avantages:

- Comme les sutures sont orientées horizontalement plutôt que verticalement, cette technique est utile pour conférer une résistance à la traction aux tissus fragiles.
- Cette technique permet une répartition uniforme de la résistance à la traction sur toute la longueur de la plaie.
- Elle assure une bonne éversion de la plaie, ce qui permet à la plaie de guérir plus rapidement grâce à un meilleur rapprochement des bords.
- Elle permet également une certaine expansion de la peau pendant la fermeture.

Inconvénients:

- Cette technique a aussi tendance à laisser des marques de suture car, comme pour les sutures de Blair-Donati, quatre piqûres sont faites à travers les tissus.
- Cette technique comporte également un risque élevé d'étouffement des tissus, et peut entraîner une nécrose des bords de la plaie. Des matériels d'amortissement, tels que des coussins de gaze, peuvent être posés dans le matériel de suture pour éviter que cela ne se produise.

Modification: La suture à points de matelassier de verrouillage

Cette technique permet une meilleure apposition des bords de la plaie par rapport à la méthode traditionnelle, et est également facile à retirer une fois la plaie cicatrisée. Cette technique est utile lorsque les tissus sont atrophiés, car elle présente moins de risques de déchirure lors de la pose et du retrait des sutures. La méthode de pose est la suivante:

1. La méthode utilisée est la même que celle de la suture à points de matelassier traditionnelle.
2. Une fois que l'aiguille ressort du premier côté, avant la pose du nœud, la modification est faite.
3. L'aiguille passe de l'autre côté et traverse la «boucle» horizontale formée de l'autre côté de la plaie.
4. L'aiguille doit être tirée du côté le plus proche de la plaie vers le côté opposé à la plaie, ce qui verrouille la suture.
5. L'aiguille et le tissu sont à nouveau ramenés sur le premier côté, pour faire le nœud plat. Les deux extrémités de la suture sont ensuite coupées.

Modification: La suture à points de matelassier de point devant

Cette technique combine les sutures à points de matelassier et les sutures de point devant, et est utile lorsque l'éversion obtenue avec la technique matelassée nécessite une certaine rapidité, comme c'est le cas pour les longues incisions. Cette technique s'effectue comme suit:

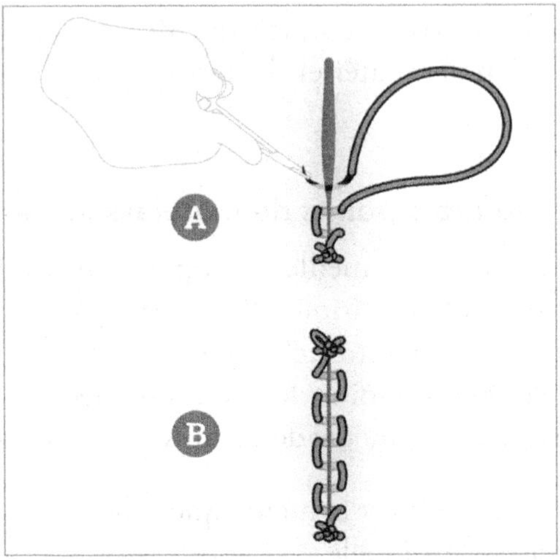

1. Une suture à points de matelassier traditionnelle est placée, en suivant les étapes données ci-dessus. Le nœud plat est fait.
2. Au lieu de couper les deux extrémités de la suture, seule l'extrémité courte est coupée, tandis que l'extrémité longue contenant l'aiguille est conservée.
3. L'aiguille est ensuite insérée dans la surface superficielle du premier bord de la plaie (le bord qui contient le nœud), horizontalement à travers le nœud, à la même distance de la plaie.
4. L'aiguille ressort de la surface profonde, et pénètre la surface profonde du bord opposé au même niveau. Elle ressort du bord superficiel.
5. On inverse l'aiguille, et on l'utilise à nouveau pour pénétrer la surface superficielle du deuxième bord, horizontalement un peu plus loin, et elle ressort sur la surface profonde. **Fig. A: Piqûres continues.**
6. L'aiguille pénètre à nouveau dans la surface profonde du premier bord et ressort à travers la peau.
7. L'aiguille est à nouveau inversée et utilisée pour percer la peau, toujours un peu plus à l'horizontale. Le mouvement horizontal de l'aiguille se poursuit sur toute la longueur de la plaie.

8. Une fois l'extrémité de la plaie atteinte, un nœud plat est fait en utilisant la boucle libre de la section précédente. **Fig. B: Nœud final.**

Une autre modification peut être effectuée, en combinant les deux modifications précédentes. C'est ce qu'on appelle la suture verrouillée à points de matelassier de point devant.

Modification: La suture à points de matelassier à bande adhésive renforcée

Cette méthode est utilisée pour les peaux très atrophiées, où la mise en place de sutures pourrait entraîner une déchirure de la peau. Dans ces cas, la mise en place de bandes adhésives chirurgicales peut faciliter la fermeture. Les bords de la plaie adjacents à l'incision doivent être nettoyés et séchés pour faciliter l'adhésivité. Les piqûres d'aiguille traversent ensuite la bande adhésive et le tissu.

Modification: La suture à points de matelassier demi-cachée

La suture à points de matelassier demi-cachée est plus communément appelée «point d'angle». Cette technique est très utile pour suturer les coins des rabats, ou le point de rencontre des incisions formant un angle de 90° l'une par rapport à l'autre. La technique s'effectue comme suit:

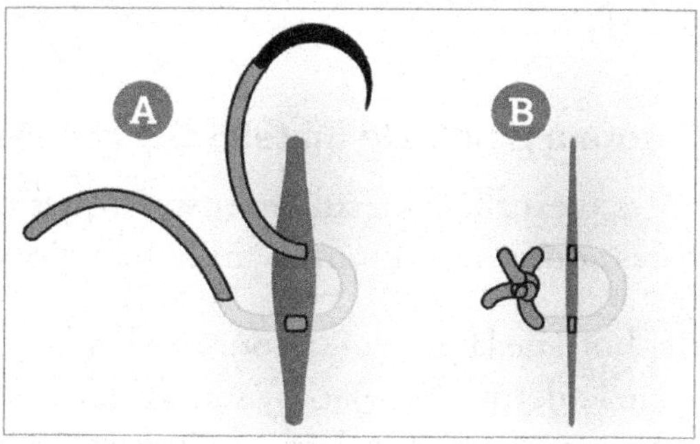

1. Il faut visualiser une ligne imaginaire qui coupe verticalement le sommet du triangle. Pour un débutant qui apprend cette technique, il est utile de dessiner réellement cette ligne sur la surface de la peau pour établir la précision.
2. L'aiguille doit être insérée à travers la surface superficielle de la peau, environ 4 à 6 mm au-dessus du sommet. Le point d'insertion doit se trouver d'un côté de cette ligne, à 2 ou 3 mm de celle-ci.

3. L'aiguille est retirée par la partie profonde et introduite dans la zone de la plaie triangulaire.
4. Le rabat est retourné à l'aide d'une pince à tissus pour visualiser l'extrémité profonde.
5. L'aiguille est ensuite insérée sur la partie profonde du rabat triangulaire, en un point parallèle au point d'entrée initial.
6. L'aiguille sort par la surface profonde du rabat triangulaire, en un point qui se trouve à l'horizontale de la deuxième insertion et en diagonale de la première insertion. Cela correspondrait à une zone située de l'autre côté de la ligne imaginaire, à égale distance de celle-ci. **Fig. A: La piqûre «cachée».**
7. L'aiguille est ensuite insérée dans la surface profonde en un point situé entre 4 et 6 mm au-dessus du sommet, en traversant horizontalement le premier point d'entrée. L'aiguille ressort par la surface superficielle de la peau.
8. Un nœud plat est ensuite posé. Le nœud doit être suffisamment serré pour rapprocher les tissus afin que le coin s'insère parfaitement. Si le nœud est trop serré, les bords de la plaie peuvent se plier et le résultat est inesthétique. **Fig. B: Pose du nœud.**

Cette technique est particulièrement utile lorsque des rabats triangulaires ou trapézoïdaux sont soulevés pour permettre l'accès, et qu'ils sont suturés pour être remis en place.

Modification: Suture à points de matelassier cachée

Cette méthode offre d'excellents résultats cosmétiques car le quadrillage est évité. Les sutures sont posées en utilisant la technique suivante:

1. Le premier bord de la plaie est retourné à l'aide de la pince à tissus, de sorte que le derme sous-jacent soit visible.
2. L'aiguille est insérée dans le derme à environ 2 à 4 mm du bord de la suture, selon un angle parallèle à la ligne d'incision.
3. L'aiguille sort par le même endroit au niveau du derme, horizontalement à travers le point d'entrée, plus loin sur la longueur de la plaie.
4. Le bord opposé du tissu est ensuite retourné pour visualiser le derme.

5. L'aiguille est traversée du côté opposé, et insérée dans le derme à un niveau parallèle au point de sortie sur le premier bord de la plaie.
6. L'aiguille sort à travers le derme en un point qui est parallèle au point d'insertion initial sur le premier bord de la plaie.
7. Un nœud plat est posé pour fixer la suture. Les deux extrémités du matériel de suture sont coupées.

Cette technique permet une bonne éversion des bords de la plaie, mais les sutures sont invisibles. Ceci est utile pour suturer les plaies étroites et les plaies où il est difficile d'insérer le porte-aiguille par manque d'espace.

Modification: Suture à points de matelassier inversée

Comme son nom l'indique, il s'agit d'une modification de la suture à points de matelassier qui produit une inversion des bords de la plaie plutôt qu'une éversion. Cela est utile dans les zones anatomiques naturellement creuses, comme les plis de la peau. Cette technique s'effectue comme suit:

1. L'orientation de l'aiguille est différente par rapport aux autres techniques. L'aiguille doit être tenue parallèlement au bord de la plaie, plutôt qu'à angle droit.
2. L'aiguille est insérée depuis la surface superficielle du bord de la plaie jusqu'à la surface profonde.
3. L'aiguille est ensuite insérée dans la surface profonde du même bord de la plaie, un peu plus loin sur la longueur de la plaie, horizontalement.
4. L'aiguille est retirée de la surface superficielle du même bord de la plaie, qui se trouvera horizontalement en face de la première insertion.
5. L'aiguille est ensuite croisée vers l'autre bord de la plaie, et insérée depuis la surface superficielle parallèlement au point où elle est sortie.
6. L'aiguille ressort de la surface profonde, et elle est réinsérée dans la surface profonde de ce bord, un peu en arrière sur la longueur de la plaie.
7. L'aiguille sort de la surface superficielle du deuxième bord. Cela correspondra au premier point d'insertion sur le bord opposé.
8. Un nœud plat est ensuite fait, et les deux extrémités de la suture sont coupées.

SUTURE FIGURE EN 8

La suture figure en 8 est une suture un peu compliquée à apprendre et nécessite plus de pratique. Cette technique permet la fermeture de deux ou trois couches de la plaie en une seule suture.

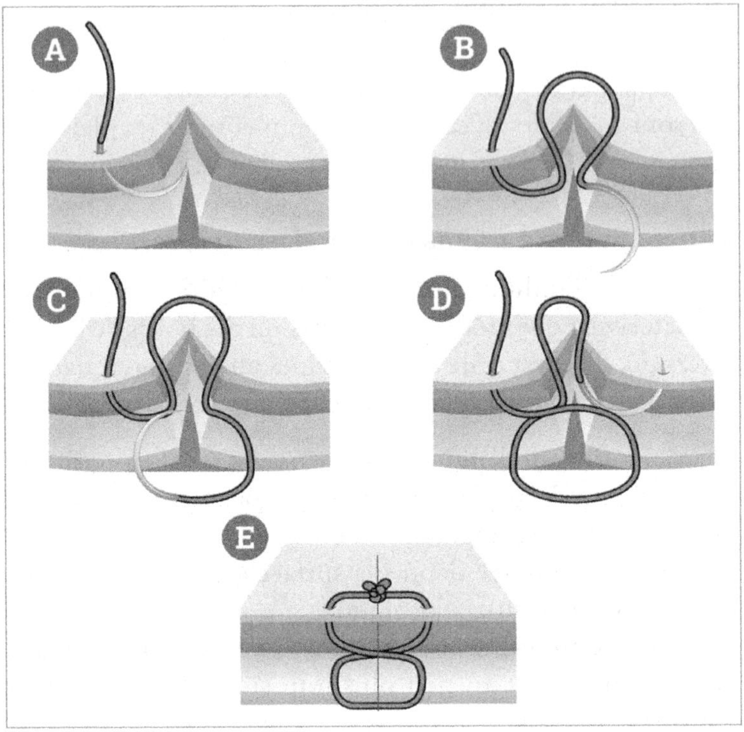

Technique:

1. L'aiguille est insérée à travers la surface de la peau, et elle ressort au niveau du tissu sous-cutané, d'où elle est retirée. **Fig. A: Piqûre initiale.**
2. La seconde piqûre est faite à travers le tissu sous-cutané du côté opposé, au même niveau. Cependant, au lieu de sortir de la peau, l'aiguille est tournée vers le bas, vers la couche la plus profonde, et peut sortir au niveau du derme. **Fig. B: Seconde piqûre.**
3. L'aiguille est ensuite déplacée vers le premier côté et traverse le derme au même niveau, puis sort à travers le tissu sous-cutané. **Fig. C: Troisième piqûre.**

4. L'aiguille est à nouveau croisée sur le second côté, où elle traverse le derme jusqu'à la surface de la peau. **Fig. D: Quatrième piqûre.**
5. Un nœud plat est ensuite posé. Les deux extrémités du matériel de suture sont coupées. **Fig. E: Nœud final.**

Il s'agit de la version «verticale» de la suture figure en 8. Il existe une autre version qui est posée horizontalement. Ceci est similaire à la suture cruciforme à points séparés, qui sera abordée dans la partie suivante. Les chirurgiens ont tendance à utiliser ces deux termes de manière interchangeable, mais il est bon de savoir que la «figure en 8» fait en fait référence à la version décrite ci-dessus.

Indications et contre-indications:

- Lorsque vous souhaitez suturer des couches profondes mais que vous devez retirer la suture ultérieurement (par exemple, lorsque le patient est allergique au matériel résorbable).
- Pour suturer les plaies ouvertes.
- Pour les plaies à contour rond ou elliptique, ou pour les défauts en «oreille de chien».
- Pour les plaies dans lesquelles il y a une différence de longueur des deux bords
- Il est préférable de l'éviter pour les plaies longues, car les sutures multiples peuvent être difficiles à placer.

Avantages:

- Cette technique permet de fermer plusieurs couches à la fois.
- Permet une bonne apposition des bords de la plaie l'un par rapport à l'autre.
- Cette technique provoque moins d'étouffements des tissus, et donc moins d'ischémie et de nécrose par rapport aux autres sutures, car la tension est répartie sur plusieurs couches.

Inconvénients:

- Cette méthode est techniquement difficile par rapport aux sutures précédentes, mais peut être maîtrisée avec de la pratique.
- Le retrait des sutures est plus gênant pour les patients, car le matériel doit être retiré des couches plus profondes.

SUTURE CRUCIFORME À POINTS SÉPARÉS/SUTURE CRUCIFORME À POINTS DE MATELASSIER

Cette suture combine les propriétés de la suture simple à points séparés, des sutures à points de matelassier et de la suture de point devant.

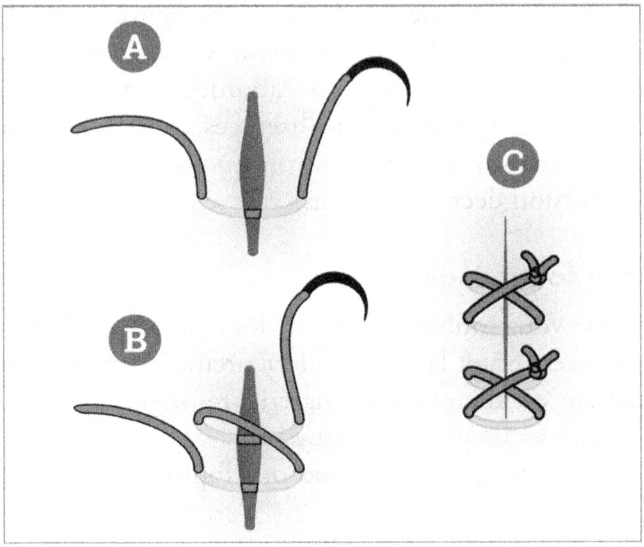

Technique:

1. L'aiguille est insérée à travers la surface superficielle du bord de la plaie, et est retirée à travers la surface profonde.
2. L'aiguille est ensuite insérée dans la surface profonde du bord opposé de la plaie au même endroit, et est retirée à travers la surface superficielle. **Fig. A: Piqûres initiales.**
3. L'aiguille est ensuite ramenée vers le premier bord de la plaie, et est insérée dans la surface superficielle à la même distance du bord de la plaie, mais à l'horizontale, un peu plus loin sur la longueur de la plaie.
4. L'aiguille est retirée par la surface profonde, et est insérée dans la surface profonde du bord opposé de la plaie au même niveau.
5. L'aiguille sort ensuite sur la surface superficielle du second bord de la plaie, à une distance correspondante de la première piqûre de sortie au niveau de ce bord. **Fig. B: Deuxième série de piqûres.**

6. L'aiguille est à nouveau croisée sur le premier côté, et un nœud plat est fait de telle sorte que le nœud se trouve sur le premier côté de la plaie.
7. Un «X» est ainsi formé sur la ligne de suture. Le processus est répété sur toute la longueur de la plaie. Fig. C: Nœud.

Indications et contre-indications:

- Cette technique se fait le plus souvent pour les mêmes indications qu'une suture simple à points séparés, sauf lorsque la plaie est plus longue ou si l'opérateur veut gagner du temps.
- Elle est utilisée lorsque l'opérateur souhaite une suture plus sûre de la plaie en faisant plusieurs nœuds.
- Il est également utile pour les petites plaies qui ne sont pas sous tension, comme les plaies de biopsie par poinçon et les alvéoles d'extraction dentaire.
- Lorsque cette technique est utilisée pour la ligature de vaisseaux sanguins, elle est parfois appelée suture figure en 8 «horizontale».
- Cette technique n'est pas adaptée aux zones où la circulation sanguine est compromise.

Avantages:

- Peut fermer les plaies asymétriques, comme les défauts ronds ou elliptiques.
- Permet un bon rapprochement des bords de la plaie, et est sécurisée.

Inconvénients:

- Cette suture peut provoquer un étouffement des tissus si les nœuds sont trop serrés, ce qui entraîne une nécrose du bord de la plaie.
- Cette technique ne donne pas une esthétique parfaite, et il vaut mieux l'éviter dans les zones esthétiques.

Références:

1. Adams B, Anwar J, Wrone DA, Alam M. Techniques for cutaneous sutured closures: variants and indications. Semin Cutan Med Surg. 2003 Dec. 22(4):306-16
2. Zuber TJ. The mattress sutures: vertical, horizontal and corner stitch. Am Fam Physician. 2002 Dec 15;66(12):2231-6

3. Alam M, Goldberg LH. Utility of fully buried horizontal mattress sutures. J Am Acad Dermatol. 2004 Jan. 50(1):73-6
4. Moody BR, McCarthy JE, Linder J, Hruza GJ. Enhanced cosmetic outcome with running horizontal mattress sutures. Dermatol Surg. 2005 Oct. 31(10):1313-6
5. Lakshmanadoss U, Wong WS, Kutinsky I, Khalid MR, Williamson B, Haines DE. Figure-of-eight suture for venous hemostasis in fully anticoagulated patients after atrial fibrillation catheter ablation. Indian Pacing Electrophysiol J. 2017;17(5):134–139.

AUTO-ÉVALUATION

1. Quelle technique de suture est couramment utilisée aux urgences ?
   a. Suture simple à points séparés
   b. Suture simple de point devant
   c. Suture à points de matelassier
   d. Suture de Blair-Donati

2. Quelle suture est également connue sous le nom de point de Donati ?
   a. Suture à points de matelassier
   b. Suture de Blair-Donati
   c. Suture simple de point devant
   d. Suture verrouillée de point devant

3. Parmi les sutures suivantes, lesquelles impliquent de prendre des piqûres à deux profondeurs différentes ?
   a. Suture simple à points séparés
   b. Suture simple à points séparés à correction de profondeur
   c. Suture simple à points séparés cachée
   d. Suture cruciforme à points de matelassier

4. Quelle modification de la suture de Blair-Donati vise à empêcher le quadrillage ?
   a. Suture de Blair-Donati de point devant
   b. Suture en poulie
   c. Suture de Blair-Donati demi-cachée
   d. Suture lointaine et proche

5. Quelle technique de suture est utile pour sécuriser le coin des rabats ?
   a. Suture à points de matelassier de point devant
   b. Suture de Blair-Donati de point devant
   c. Suture à points de matelassier demi-cachée
   d. Suture de Blair-Donati demi-cachée

6. Laquelle des techniques de suture suivantes présente le moins de risque de quadrillage ?
   a. Simple à points séparés
   b. Simple de point devant
   c. À points de matelassier
   d. De Blair-Donati

7. Quelle technique de suture est utile pour les plis de la peau ?
   a. Suture cruciforme à points séparés
   b. Suture à points de matelassier inversée
   c. Suture des nœuds en huit
   d. Suture à points de matelassier cachée

8. Si un patient est allergique aux sutures résorbables, quelle suture peut être idéalement placée pour les couches plus profondes ?
   a. Suture cruciforme à points séparés
   b. Suture à points de matelassier inversée
   c. Suture des nœuds en huit
   d. Suture à points de matelassier cachée

9. Quelle suture est utile pour fermer les plaies elliptiques ?
    a. Suture cruciforme à points séparés
    b. Suture à points de matelassier inversée
    c. Suture des nœuds en huit
    d. Suture à points de matelassier cachée

10. Laquelle des techniques suivantes est utile lorsque la plaie est étroite mais profonde ?
    a. Suture cruciforme à points séparés
    b. Suture à points de matelassier inversée
    c. Suture des nœuds en huit
    d. Suture à points de matelassier cachée

CHAPITRE 5

Techniques De Suture - Sutures Complexes

Les techniques de suture complexes peuvent ne pas être couramment utilisées en chirurgie, mais elles doivent être connues, car la plupart d'entre elles ont leurs applications spécifiques. Ces techniques peuvent être des combinaisons de divers types de sutures de base ou impliquer une méthodologie totalement différente. Ce chapitre illustre certaines des méthodes avancées qui sont couramment pratiquées par les chirurgiens.

SUTURES HYBRIDES

Les sutures hybrides associent plus d'un type basique de technique de suture. Cette méthode offre les avantages des deux techniques. Quelques exemples sont donnés ci-dessous:

Suture de point devant de Blair-Donati et suture simple:

Cette méthode associe la modification proche-lointaine du point de Blair-Donati à la suture simple de point devant. Cette méthode est utile dans les tissus délicats où il est souhaitable d'éviter la strangulation, mais les bords de la plaie doivent être fermement rapprochés et éversés. Cette technique s'effectue comme suit:

1. La technique commence comme une suture simple de point devant.

2. L'aiguille est insérée à travers la peau d'un des bords de la plaie, et ressort à travers le derme. Elle est insérée à travers le derme de l'autre bord de la plaie, et ressort à travers la peau au même niveau.
3. Un nœud plat est ensuite fait. Seul l'extrémité courte est coupée.
4. L'aiguille est ensuite insérée dans la peau, juste à côté du nœud, et ressort en diagonale à travers la plaie, bien éloignée des tissus (6 à 8 mm).
5. L'aiguille est ensuite inversée dans son porte-aiguille. Elle pénètre à nouveau dans la peau du même bord de la plaie au même endroit, mais cette fois plus près (2 à 4 mm) du bord de la plaie.
6. Il sort du derme, croise le derme du premier bord, et sort de la peau, toujours à 2mm à 4mm du bord de la plaie.
7. L'aiguille est ensuite insérée dans le deuxième bord de la plaie au même endroit, mais à une distance de 6 à 8 mm des tissus.
8. Elle est à nouveau dirigée en diagonale, de sorte qu'elle sort un peu plus loin sur la longueur de la plaie. Ensuite, l'aiguille est simplement croisée vers le côté opposé pour faire une piqûre similaire à une suture de point devant.
9. Après ceci, la séquence lointaine-proche, proche-lointaine est répétée.
10. Les deux sutures sont alternées jusqu'à ce que l'extrémité de la plaie soit atteinte.
11. Un nœud plat est ensuite fait, en utilisant la boucle libre de la partie précédente. Les deux extrémités de la suture sont coupées.

Suture de matelassier hybride:

Cette suture combine les sutures de matelassier et de Blair-Donati en un seul point. Elle peut être utilisée pour fermer des plaies épidermiques qui nécessiteraient normalement un point de Blair-Donati, mais qui sont suffisamment larges pour qu'un point de matelassier puisse fermer l'espace plus rapidement. Cela produit une éversion prononcée et un bon rapprochement des tissus. La technique s'effectue comme suit:

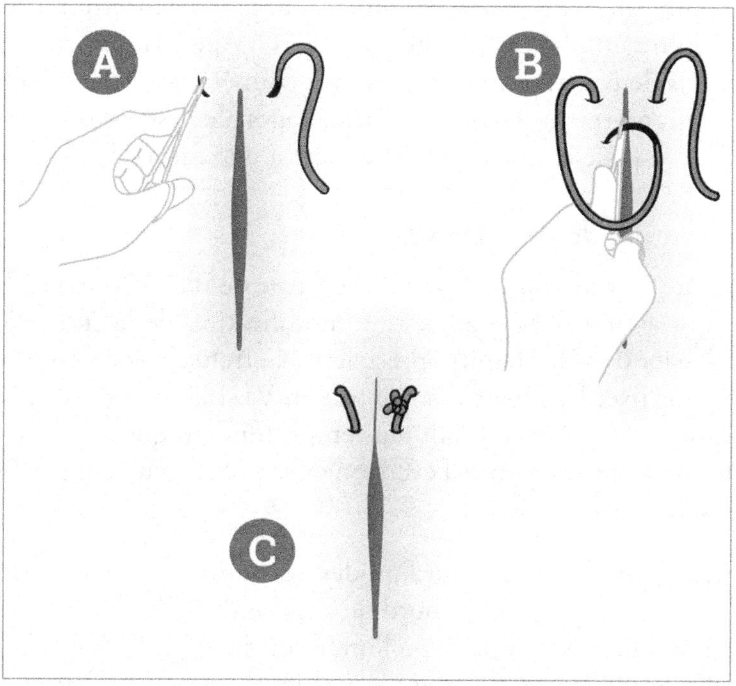

1. L'aiguille est insérée à travers la surface de la peau sur un bord de la plaie, bien éloignée du bord de la plaie (6 à 8mm).
2. L'aiguille est retirée à travers le derme, et insérée dans le derme au même endroit sur le bord opposé de la plaie.
3. L'aiguille sort à travers la peau sur le bord opposé de la plaie, à une distance de 6 à 8 mm du bord de la plaie. **Fig. A: Piqûre initiale de pénétration et de sortie.**
4. L'aiguille est maintenant dirigée vers un point qui est plus proche du bord de la plaie (à une distance de 2 à 4 mm), mais aussi plus loin à l'horizontale sur la longueur de la plaie.

5. L'aiguille est insérée dans la peau à cet endroit, ce qui laisse une trace diagonale de matériel. Fig. B: Deuxième piqûre de pénétration.
6. Elle se distingue de la trajectoire verticale observée lors de la suture de Blair-Donati et de la trajectoire horizontale observée lors de la suture à points de matelassier.
7. On laisse l'aiguille sortir du derme, puis on l'insère dans le derme du premier bord de la plaie.
8. L'aiguille est ensuite retirée à travers la peau du premier bord, en un point qui est directement en face du point d'insertion précédent.
9. Un nœud plat est ensuite fait. Fig. C: Après la pose du nœud.
10. Les deux extrémités courtes sont coupées. Une fois le nœud plat fait, on remarque qu'une autre diagonale s'est formée sur le bord de la plaie et que la suture entière a une forme de «V».

Point de suture de Blair-Donati:

Cette suture est une combinaison de la suture de Blair-Donati et du point d'angle qui a été décrit comme une modification de la suture à points de matelassier dans le chapitre précédent. Cette technique est également utilisée pour fixer les rabats d'angle (ou en V). Elle est utilisée lorsqu'il y a un risque que le point soit fait plus en profondeur que le reste du rabat, car cette technique maximise l'éversion de la plaie. La technique s'effectue comme suit:

1. L'aiguille est insérée sur l'un des bords du côté concave du «V», à environ 5 à 6 mm du bord de la plaie.
2. L'aiguille sort du derme à l'intérieur du «V».
3. L'aiguille traverse ensuite la partie convexe du rabat et perce le derme d'un côté, toujours à 5 ou 6 mm du point du sommet.
4. Elle sort du derme de l'autre côté du sommet, au même niveau de 5 à 6mm du point.
5. L'aiguille traverse à nouveau la partie concave du rabat, et pénètre le derme du second bord de la plaie.
6. Elle sort à travers la peau, à 5 à 6mm du bord de la plaie.
7. L'aiguille est maintenant inversée dans le porte-aiguille. Elle pénètre à nouveau la peau du même bord de la plaie, cette fois plus près du bord (2 à 3 mm).
8. L'aiguille passe à partir du derme pour ressortir à travers le derme à l'intérieur du «V».

9. L'aiguille passe maintenant dans le derme du côté convexe, et le transperce à seulement 2 ou 3 mm du sommet d'un côté.
10. Elle sort au niveau du derme de l'autre côté du sommet, à la même distance.
11. L'aiguille pénètre ensuite dans le derme du tout premier bord de la plaie, et sort de la peau à 2 ou 3 mm du bord de la plaie.
12. Un nœud plat est ensuite appliqué. Les deux extrémités du matériel de suture sont coupées.

Point de suture de matelassier hybride

Cette suture est une technique utile pour sécuriser les incisions en Y. Cela se limite généralement aux incisions de la peau, et les couches plus profondes sont généralement fermées par d'autres techniques. Cette technique s'effectue comme suit:

1. L'aiguille est d'abord tenue perpendiculairement à la branche verticale du «Y».
2. L'aiguille est insérée depuis la surface de la peau à environ 3 à 4 mm du bord, sort du derme et pénètre dans le derme de l'autre côté de la branche verticale.
3. Elle sort à travers la peau au même niveau. L'aiguille ne doit pas être orientée perpendiculairement au bras diagonal du «Y» du côté où elle est sortie.
4. Elle pénètre la peau du même côté, à 3 ou 4 mm du bord diagonal de la plaie. Elle sort au niveau du derme dans la partie «V» du «Y».
5. Maintenant, comme pour la suture d'angle, l'aiguille est orientée parallèlement au derme.
6. Elle traverse le derme d'un côté du sommet du bord opposé, et sort au même niveau du derme, de l'autre côté du sommet.
7. L'aiguille est ensuite tenue perpendiculairement à la branche diagonale du «Y» de l'autre côté, et insérée à travers le derme.
8. Elle sort sur la peau de ce côté, à 3 à 4 mm du bord.
9. Un nœud plat est appliqué, en utilisant l'extrémité courte du matériel au début de la suture. Les deux extrémités du matériel sont coupées.

SUTURES DERMIQUES/SUTURES SOUS-CUTANÉES

La suture dermique est une technique spéciale où les sutures ne traversent pas la peau et restent contenues dans la couche dermique. Ceci est très utile dans les zones esthétiques, car les traces de suture n'apparaissent pas sur la peau. La technique s'effectue comme suit:

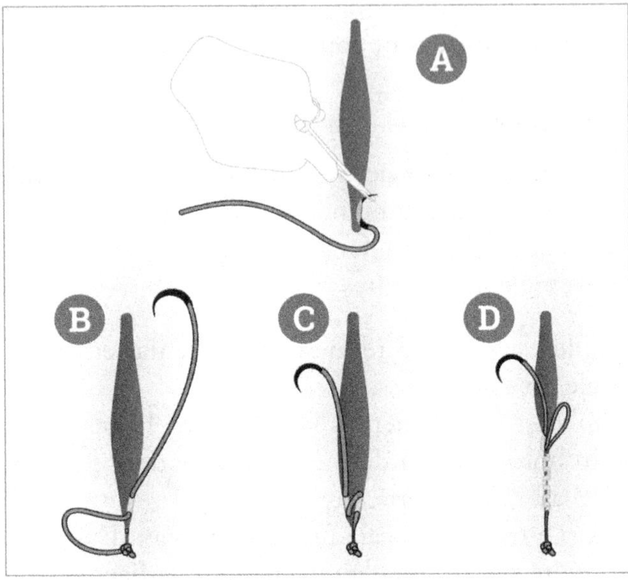

1. L'aiguille doit être orientée parallèlement à l'incision tout au long de cette technique.
2. L'aiguille est insérée à travers la surface de la peau, quelques millimètres au-dessus du sommet de la plaie, à une extrémité de celle-ci. **Fig. A: Piqûre du sommet de la plaie vers un côté.**
3. L'aiguille est introduite dans le derme, parallèlement à la ligne d'incision. **Fig. B: Piquer à travers le derme d'un côté.**
4. L'aiguille traverse ensuite vers le derme opposé, et est insérée au même niveau, en maintenant l'orientation parallèle. L'aiguille sort du derme du même côté, un peu plus loin sur la longueur de la plaie, en maintenant une orientation parallèle à la plaie. **Fig. C: Piqûre à travers le derme de l'autre côté.**
5. L'aiguille traverse à nouveau le derme du premier côté, et est insérée dans un sens parallèle similaire, pour ressortir un peu plus loin sur la longueur de la plaie du même côté.

6. Ce processus est à nouveau répété, de manière continue des deux côtés.
7. Une fois l'extrémité de la plaie atteinte, l'aiguille est sortie par le sommet opposé de la plaie. **Fig. D: Plaie fermée avant la pose du nœud.**
8. Le nœud d'Aberdeen, ou tout autre nœud pour une technique de suture continue, est posé. L'extrémité libre est coupée.
9. Un nœud d'Aberdeen peut également être appliqué au début pour empêcher le matériel de pénétrer complètement dans la plaie. On peut aussi fixer le matériel avec du ruban adhésif chirurgical aux deux extrémités, plutôt que de faire un nœud.

SUTURE EN BOURSE

La suture en bourse est ainsi nommée parce qu'elle ressemble à la corde que l'on tire pour fermer l'ouverture d'une bourse. Elle est utile pour les défauts arrondis, et consiste essentiellement en une suture de point devant posée tout autour du défaut. Le défaut peut être soit complètement fermé, soit réduit à une taille négligeable à l'aide de cette suture. Ceci est particulièrement utile pour colmater les défauts de l'intestin grêle. Cette technique s'effectue comme suit:

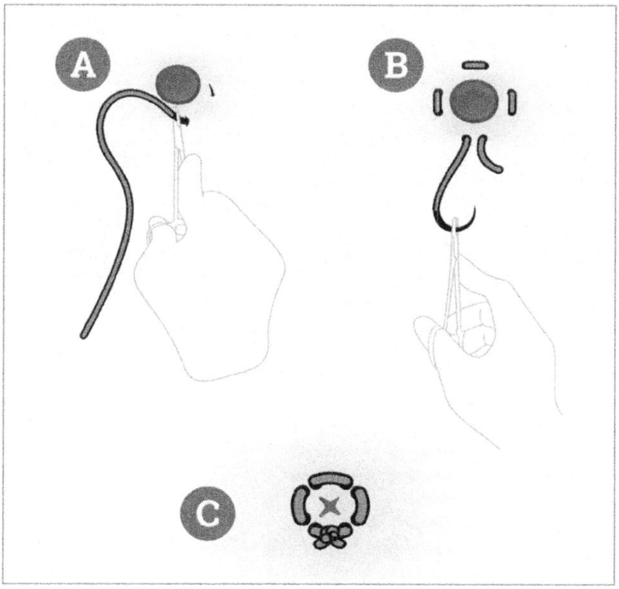

1. Le bord de la plaie du côté du défaut le plus proche de l'opérateur est saisi à l'aide d'une pince à tissus puis retourné.
2. L'aiguille est utilisée pour pénétrer la surface superficielle, et est retirée à travers la surface profonde.
3. L'aiguille pénètre à nouveau dans la surface profonde du tissu et ressort par la surface superficielle, parallèlement et un peu à droite de la piqûre originelle. La distance par rapport à la plaie doit rester la même. **Fig. A: Première piqûre de pénétration et de sortie.**
4. Cette procédure est répétée dans le sens anti-horaire autour de la plaie, jusqu'à ce que le point de sortie final soit atteint, près du point initial. **Fig. B: Piqûres successives.**
5. Les deux extrémités du fil sont tirées ensemble pour fermer le défaut. Un nœud plat est posé et serré. Des tours supplémentaires sont nécessaires dans cette technique pour plus de sécurité. Un nœud de verrouillage peut être utilisé pour de meilleurs résultats. **Fig. C: Traction et fermeture.**
6. Un instrument peut être utilisé pour inverser les bords de la plaie tout en plaçant le nœud, de sorte que le défaut soit éliminé en tirant les deux extrémités du fil de suture ensemble.

Cette technique crée des plis dans les tissus environnants et ne doit pas être utilisée dans les zones esthétiques.

SUTURE EN TREUIL

Le point de treuil est conçu pour fermer les plaies qui présentent un degré de tension excessif. Il s'agit d'une suture peropératoire temporaire, dont le but est de maintenir les tissus en contact pendant le placement d'autres sutures. Cette technique permet aux tissus de se rapprocher par «fluage» mécanique et réduit ainsi la tension de la plaie suturée finale. La technique s'effectue comme suit:

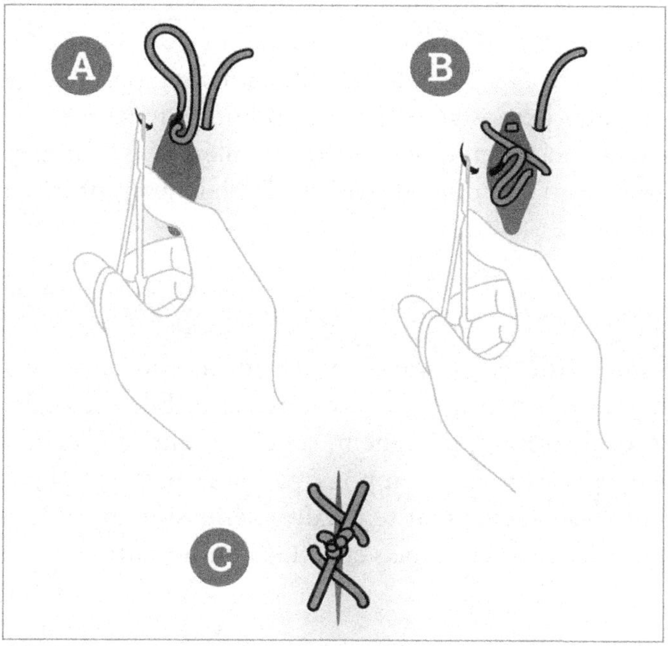

1. L'aiguille pénètre la surface superficielle du premier bord de la plaie, en s'éloignant de la plaie.
2. Elle ressort de la surface profonde, et pénètre dans la surface profonde sur le bord opposé au même niveau. Elle est ensuite retirée à travers la surface superficielle. **Fig. A: Première piqûre.**
3. Il ne reste que quelques centimètres de matériel au niveau du bord initial, qui sont saisis à l'aide d'un hémostat.
4. L'aiguille est à nouveau utilisée pour pénétrer la surface superficielle du premier bord, sort de la profondeur, et est à nouveau reprise par le côté opposé. Le processus est répété 4 à 5 fois. **Fig. B: Seconde piqûre.**

5. Le long bout du matériel est ensuite coupé, tout en laissant quelques centimètres.
6. L'hémostat qui saisit l'extrémité courte du matériel est relâché, et cette extrémité est également saisie avec la première extrémité du matériel. **Fig. C: Après des piqûres et des nœuds successifs.**

Une modification de cette technique est appelée «suture dynamique en treuil». Dans cette méthode, les mêmes étapes que ci-dessus sont suivies. Cependant, les deux extrémités du matériel sont maintenues par deux hémostats différents. Une fois qu'un certain fluage des tissus s'est produit, le matériel est serré à l'aide de l'hémostat, afin de rapprocher les bords de la plaie. Un autre hémostat est posé au point de rencontre de la peau et du matériel, et l'hémostat qui a été tiré est enlevé. Ce processus est répété plusieurs fois jusqu'à ce que les bords de la plaie se rapprochent avec une tension minimale.

SUTURE CROISÉE

Il s'agit d'une suture simple de point devant modifiée, utilisée lorsqu'un rapprochement étroit des plaies est nécessaire. Elle est également utile pour les bords de plaies qui saignent, car elle permet d'obtenir une bonne hémostase. Cependant, cela n'apporte pas de sécurité supplémentaire à la suture, et elle peut facilement se défaire même si une partie du matériel se décompose. Cette technique s'effectue comme suit:

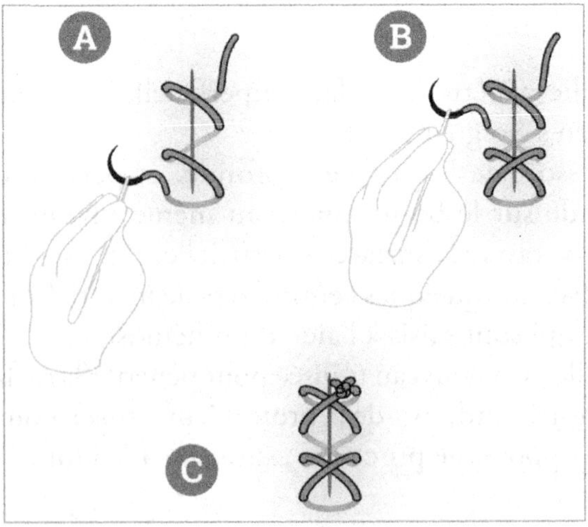

1. La suture commence comme une suture simple de point devant.
2. L'aiguille pénètre initialement dans la surface de la peau, traverse la surface profonde des deux bords et ressort à nouveau par la surface de la peau du bord opposé.
3. À ce stade, un nœud plat est généralement posé. Cependant, cela ne se fait pas dans ce cas, et l'extrémité courte est saisie à l'aide d'un hémostat.
4. La suture de point devant est répétée jusqu'à ce que toute la longueur de la plaie soit couverte. **Fig. A: Configuration initiale de la suture simple de point devant.**
5. L'aiguille est maintenant inversée, et une suture de point devant est répétée en arrière sur toute la longueur de la plaie.
6. Chaque piqûre de la deuxième phase de la suture de point devant doit être posée de manière à former un «X» avec chaque piqûre de la phase précédente. **Fig. B: Continuation de la suture dans le sens inverse.**
7. Une fois le début de la plaie atteint, l'hémostat est relâché et l'extrémité courte est utilisée pour faire un nœud plat. **Fig. C: Pose du nœud.**
8. Les deux extrémités de la suture sont coupées. Si elle est réalisée correctement, cette technique peut donner d'excellents résultats esthétiques.

SUTURE DE LEMBERT

Il s'agit d'une suture spécialisée qui est utilisée pour recréer les structures anatomiques qui sont naturellement inversées. Par exemple, le pli alaire de la base du nez et le rebord hélicoïdal de l'oreille peuvent être suturés à l'aide de cette technique. C'est également utile pour suturer l'intestin. Cette technique favorise l'inversion des bords de la plaie. Elle s'effectue comme suit:

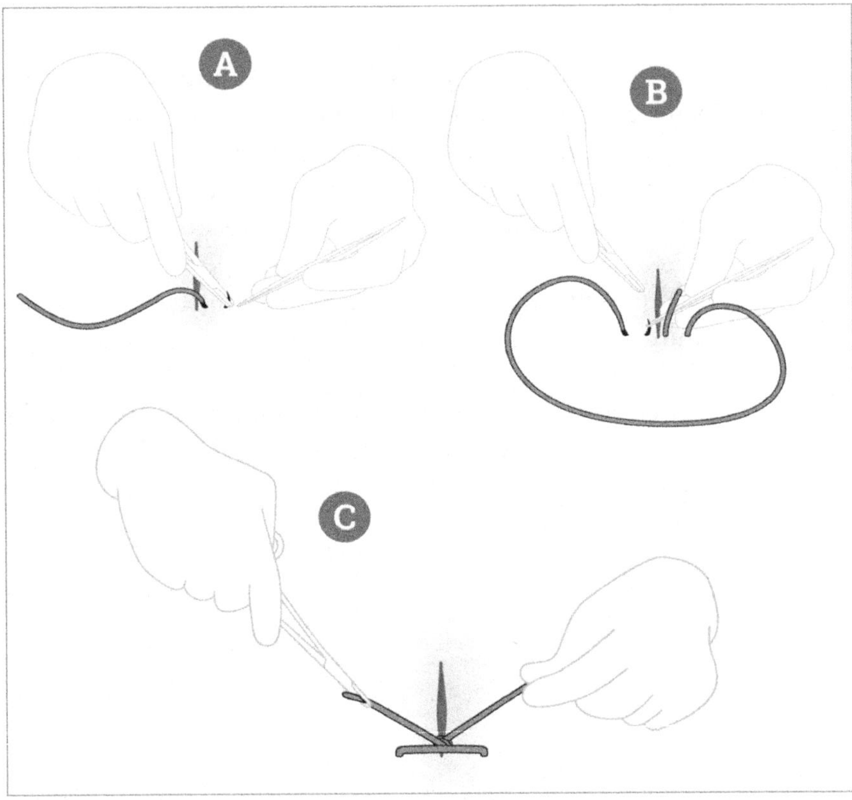

1. L'aiguille est insérée dans la surface profonde, c'est-à-dire le derme, et ressort par la surface superficielle de la peau, un peu éloignée du bord de la plaie. **Fig. A: Première piqûre.**
2. L'aiguille passe ensuite de l'autre côté et est à nouveau insérée dans la surface superficielle de la peau, loin du bord de la plaie. Elle est ensuite ressortie par le derme profond de ce côté. **Fig. B: Seconde piqûre.**

3. Un nœud plat est fait. Le nœud plat devient caché. Les deux extrémités du matériel sont coupées. **Fig. C: Nœud.**
4. La suture de Lembert peut également être posée de manière courante. Dans cette méthode, seule l'extrémité courte est coupée, et l'extrémité longue avec l'aiguille est utilisée pour répéter le processus en prenant des piqûres alternées depuis le derme jusqu'à un point bien éloigné de la plaie sur la peau. Cette opération est répétée sur toute la longueur de la plaie, jusqu'au niveau de l'extrémité de la plaie. Un nœud plat est ensuite posé, en saisissant la boucle lâche de la partie précédente. Les deux extrémités libres sont coupées.

SUTURE EN TREILLIS

Il s'agit d'une autre technique qui peut être utilisée lorsque les plaies doivent être rapprochées sous une tension élevée. Elle est également utile lorsque les tissus sont tellement atrophiés que les sutures normales ne peuvent pas maintenir les tissus ensemble. Cette technique apporte un renforcement supplémentaire à la plaie et soutient mieux les tissus. La technique s'effectue comme suit:

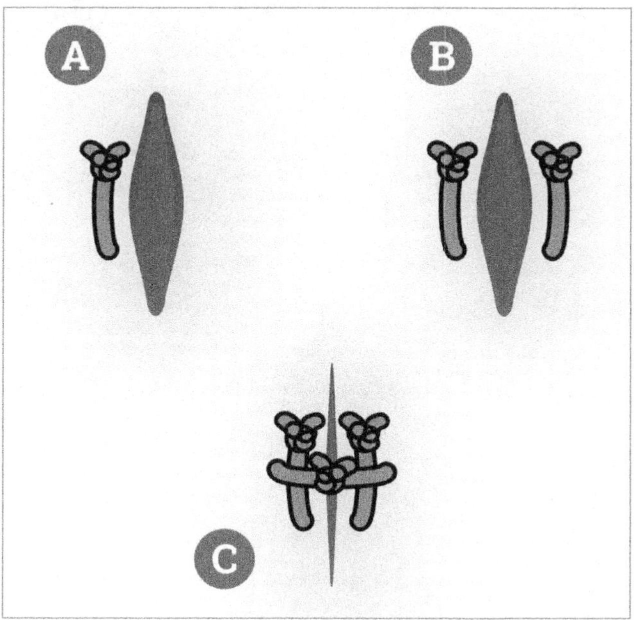

1. En suivant les étapes décrites dans le chapitre précédent, les sutures simples à points séparés sont posées.
2. Cependant, au lieu d'être posées sur toute la plaie, les sutures sont posées parallèlement à la plaie ou à l'incision, sur un seul côté de la plaie. **Fig. A: Suture à points séparés parallèle à la plaie.**
3. Les sutures doivent être posées sur toute la longueur de l'incision de la plaie.
4. La procédure est répétée sur le côté opposé de la plaie. Les sutures de chaque côté de la plaie doivent être parfaitement alignées les unes par rapport aux autres. **Fig. B: Suture parallèle sur le côté opposé.**
5. Maintenant, de simples sutures à points séparés doivent être posées sur la plaie.
6. L'aiguille est insérée sur la surface superficielle du bord de la plaie d'un côté, latéralement à la suture précédemment posée, et au milieu de la suture parallèle.
7. L'aiguille sort sur la surface profonde, et traverse la surface profonde du bord opposé de la plaie.
8. Elle sort du côté superficiel, toujours de façon latérale et au milieu de la suture parallèle.
9. Un nœud plat est posé, et les deux extrémités sont coupées. **Fig. C: Suture à points séparés sur toute la plaie.**

SUTURE DERMIQUE COMBINÉE AU POINT DE BLAIR-DONATI

Il s'agit d'une technique de suture qui permet de gagner du temps et qui s'applique idéalement aux plaies profondes mais étroites. Cette technique permet la fermeture de plusieurs couches en même temps, ainsi que l'éversion des bords de la plaie. Elle est similaire à la suture figure en 8, mais elle est plus sûre et permet une meilleure apposition. La technique s'effectue comme suit:

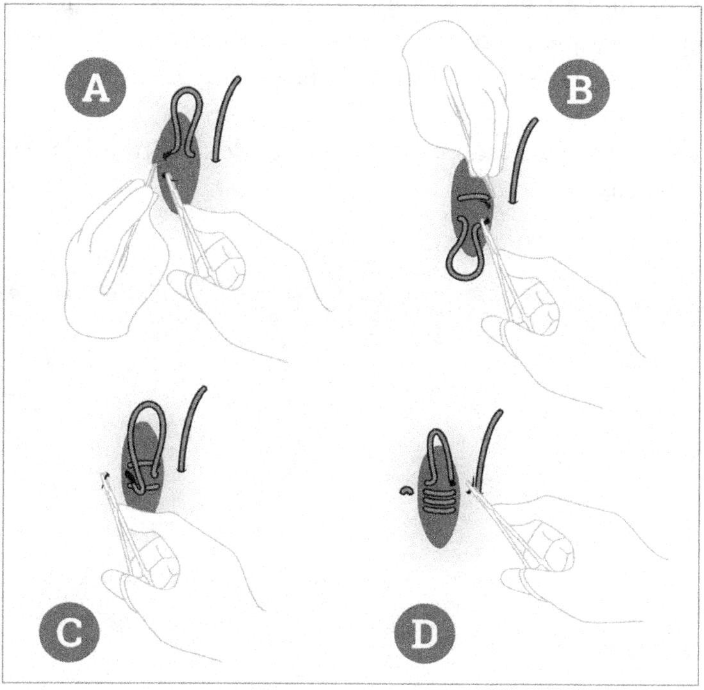

1. L'aiguille est insérée dans la peau d'un côté du bord de la plaie, à une distance de 6 à 8 mm du bord de la plaie.
2. L'aiguille sort dans le derme profond du même côté, et est croisée pour pénétrer le derme profond au même niveau, sur le bord opposé de la plaie. **Fig. A: De la peau au derme profond.**
3. L'aiguille est alors retirée à travers la partie superficielle du derme sur le second bord de la plaie, et est réinsérée dans la partie superficielle du derme, au même niveau, sur le premier bord de la plaie.

4. L'aiguille doit maintenant sortir de la partie profonde du derme sur le premier bord. **Fig. B: Du derme profond au derme profond.**
5. L'aiguille pénètre alors dans le derme superficiel du bord opposé de la plaie et est retirée à travers la peau de ce bord, à 6 ou 8 mm du bord de la plaie. **Fig. C: Du derme profond à la peau.**
6. L'aiguille est inversée et réinsérée à travers la peau, à 2 ou 4 mm du bord de la plaie.
7. L'aiguille sort maintenant de la jonction dermo-épidermique de ce côté.
8. L'aiguille est ensuite croisée et insérée dans la jonction dermo-épidermique du côté opposé, au même niveau.
9. L'aiguille est sortie à travers la peau, à 2 ou 3 mm du bord de la plaie. **Fig. D: En arrière à travers la peau.**
10. Un nœud plat est ensuite posé. Les deux extrémités de la suture sont ensuite coupées.

BOUCLE DE VERROUILLAGE DE KESSLER

Il s'agit d'une technique spécialisée qui est principalement utilisée pour la réparation des tendons. La technique s'effectue comme suit:

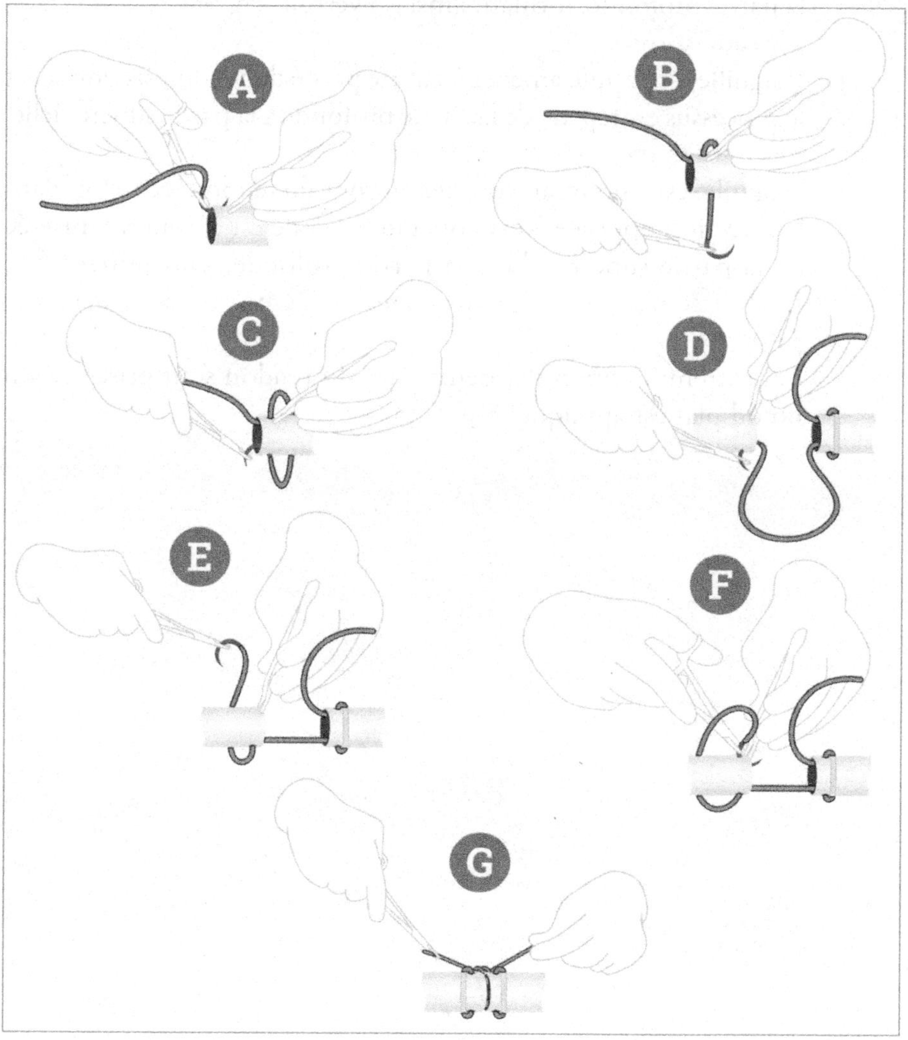

1. L'aiguille est insérée depuis la surface profonde du tendon d'un côté jusqu'à la surface superficielle. **Fig. A: Premier côté, première piqûre.**

2. L'aiguille, avec le matériel de suture, est ensuite enroulée autour du tendon, par le bas, en s'éloignant de l'opérateur, et au-dessus du tendon pour faire une boucle. **Fig. B: Boucle du premier côté.**
3. L'aiguille est alors insérée de la partie superficielle du tendon vers la partie profonde, formant ainsi un verrou. **Fig. C: Premier côté, seconde piqûre.**
4. L'aiguille est ensuite amenée à l'autre partie du tendon sectionné, et le processus est répété, de la partie profonde à la partie superficielle. **Fig. D: Deuxième côté, première piqûre.**
5. L'aiguille est à nouveau enroulée autour du tendon, cette fois dans la direction opposée (vers l'opérateur). Elle est à nouveau insérée de la partie superficielle à la partie profonde, puis retirée. **Fig. E: Boucle du deuxième côté. Fig. F: Deuxième côté, seconde piqûre.**
6. Les extrémités libres des deux côtés du tendon sont prises, et un nœud plat est appliqué. **Fig. G: Nœud.**

SUTURE DE CUSHING

Il s'agit d'une configuration de suture inversée continue. Elle est surtout utile pour suturer la couche finale des incisions intestinales. Cette incision ne pénètre pas dans la lumière intestinale et ne touche que la séreuse, la couche musculaire et la sous-muqueuse. Cette technique s'effectue comme suit:

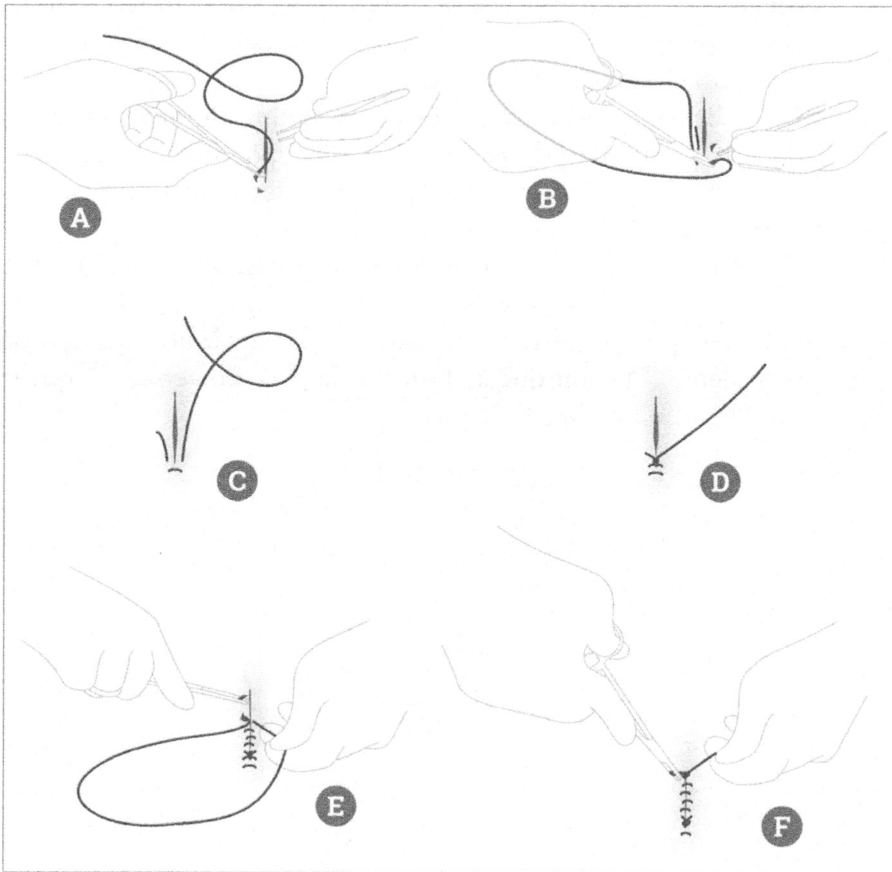

1. La première piqûre est faite juste au niveau ou légèrement au-dessus du sommet de la plaie, et la suture suit la longueur de la plaie jusqu'à l'autre sommet. **Fig. A: Première piqûre.**
2. Au départ, cela commence comme une simple suture de point devant. L'aiguille pénètre la surface superficielle d'un côté de la plaie, sort de la surface profonde, pénètre la surface profonde de

l'autre côté au même niveau, et sort de la surface superficielle au même niveau. **Fig. B: Seconde piqûre. Fig. C: Après la deuxième piqûre.**

3. Un nœud plat est posé, et seule l'extrémité courte est coupée. **Fig. D: Après le nœud plat.**
4. L'aiguille doit ensuite être orientée parallèlement à l'incision. D'un côté du bord de la plaie, une piqûre est faite à travers la surface superficielle, et elle traverse la surface profonde pour ressortir sur la surface superficielle du même bord de la plaie, mais un peu plus loin sur la longueur de la plaie.
5. L'aiguille passe ensuite du côté opposé, et une piqûre similaire est faite, la piqûre de pénétration doit correspondre à la piqûre de sortie du côté précédent, et la piqûre de sortie sera un peu plus loin sur la longueur de la plaie.
6. Le processus est répété, en alternant les côtés, jusqu'à la fin de la plaie. **Fig. E: Continuation sur la longueur de la plaie.**
7. Un nœud plat peut être posé en utilisant la boucle libre de la partie précédente. On voit que les bords de la plaie s'inversent et que le nœud est caché. **Fig. F: Nœud final.**

SUTURE PLISSÉE DE POINT DEVANT

La suture plissée de point devant est utilisée lorsque les deux bords de la plaie sont de longueur inégale. Cela se produit souvent lors de l'insertion d'un rabat dans la zone receveuse. Cette technique tend à égaliser la longueur des deux côtés de la plaie, ce qui donne un résultat légèrement plus esthétique. La technique s'effectue comme suit:

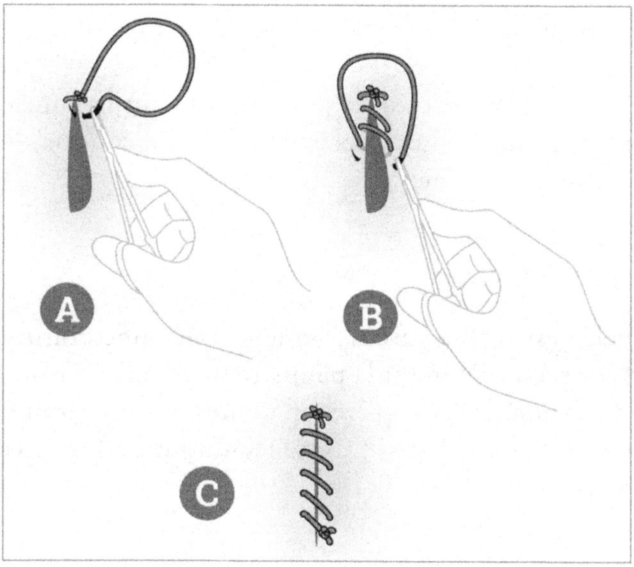

1. La technique commence au sommet de la plaie, là où les bords longs et courts se croisent.
2. Légèrement au-dessus du sommet, une seule suture à points séparés est posée en insérant et en retirant l'aiguille à travers la peau de façon perpendiculaire à la plaie.
3. Un nœud plat est appliqué, et seule l'extrémité courte est coupée. L'aiguille est ensuite posée sur le bord le plus long de la plaie, un peu éloignée de la suture interrompue (environ 6 à 7 mm).
4. Une piqûre est ensuite faite à travers le bord le plus long de la plaie, qui pénètre dans la peau et sort à peu près à la surface superficielle du côté profond (à la jonction dermo-épidermique). **Fig. A: Côté débordant superficiel et éloigné du précédent.**
5. L'aiguille est ensuite déplacée vers le bord le plus court de la plaie, et est insérée à un niveau légèrement plus profond (derme profond).

6. L'aiguille est retirée à travers la peau, plus près de la suture à points séparés initiale (environ 2 à 3 mm). Fig. B: Côté non-débordant profond et piqûre rapprochée.
7. L'aiguille est à nouveau croisée sur le bord long, et une piqûre large mais superficielle est faite comme précédemment.
8. L'aiguille traverse à nouveau le bord court, où une piqûre étroite mais profonde est faite.
9. Ce processus est poursuivi comme une suture de point devant jusqu'à ce que la suture soit terminée sur toute la longueur de la plaie.
10. Un nœud plat est ensuite posé en utilisant la boucle libre de la partie précédente. Les deux extrémités sont coupées. Fig. C: Après fermeture de la plaie.

SUTURE GELÉE

La suture gelée est utilisée exclusivement après une chirurgie orbitale. Elle est utilisée pour maintenir la paupière inférieure en place et prévenir l'ectropion (éversion de la paupière inférieure) postopératoire, qui peut se produire en raison d'un œdème. Cette technique s'effectue comme suit:

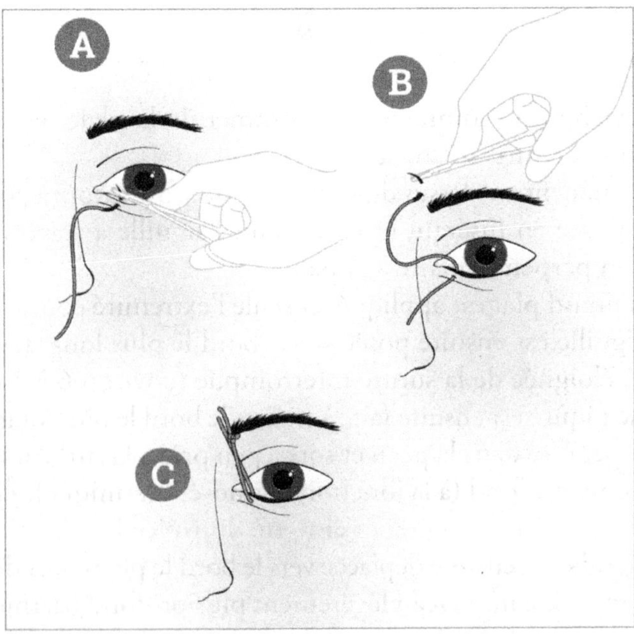

1. L'aiguille est insérée dans la peau au bord ou juste en dessous de la partie médiane de la paupière inférieure.
2. L'aiguille sort au niveau de la couche conjonctivale de la paupière. La piqûre doit être étroite, environ 3 mm. L'opérateur doit veiller à éviter à tout prix le punctum inférieur et le canalicule. **Fig. A: Première piqûre.**
3. L'aiguille est ensuite insérée et retirée à travers la peau qui est juste médiane au sourcil. **Fig. B: Seconde piqûre.**
4. Un nœud plat est posé et les deux extrémités sont coupées. **Fig. C: Après la pose du nœud.**
5. Cette suture sert d'élingue pour suspendre la paupière inférieure et l'empêcher de se retourner vers le bas pendant la phase postopératoire.
6. Le nœud de la partie supérieure peut également être remposé par des bandes adhésives chirurgicales. Cela permet de contrôler le serrage de l'élingue dans la période postopératoire.

SUTURE À BOURDONNETS

Cette technique de suture est utilisée pour fixer un morceau de gaze au-dessus de la zone chirurgicale. Ceci est utile dans les greffes de peau, où la greffe de peau doit adhérer fermement à la zone donneuse sous-jacente. Elle est également utile pour soutenir les cartilages alaires après une rhinoplastie. Cette technique s'effectue comme suit:

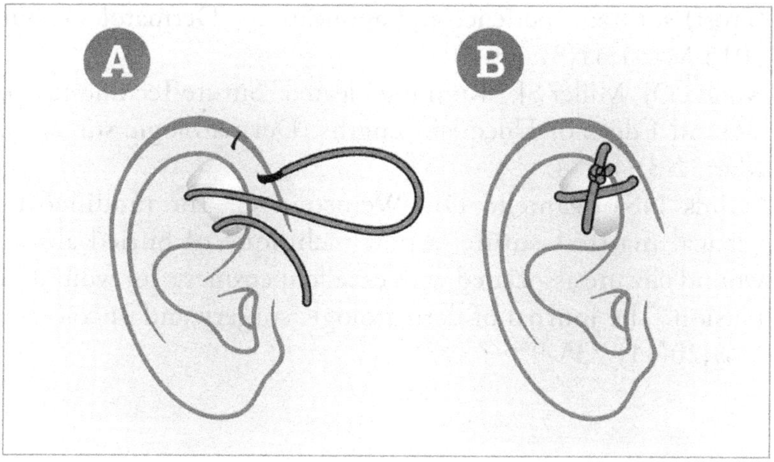

1. Un morceau de gaze est posé sur la surface de la peau. L'opérateur doit placer les sutures autour du morceau de gaze, sur un cercle imaginaire.
2. L'aiguille est insérée à travers la peau à la position 6 heures, et est ressortie à la position 9 heures.
3. L'aiguille est ensuite traversée horizontalement, jusqu'à la position 3 heures.
4. L'aiguille doit percer la peau à cet endroit, et ressortir à la position 12 heures. **Fig. A: Aiguille sortant à la position 12 heures.**
5. L'aiguille avec le matériel de suture est à nouveau croisée à la position 6 heures.
6. Un nœud plat est posé, et les deux extrémités de la suture sont coupées.
7. Le matériel de suture maintient la gaze en place en forme de «X» au-dessus de celle-ci. **Fig. B: Forme finale en «X».**

Références:

1. Casparian JM, Monheit GD. Surgical pearl: The winch stitch—a multiple pulley suture. Journal of the American Academy of Dermatology. 2001 Jan 1;44(1):114-6.
2. Yotsumoto T, Mori R, Uchio Y. Optimum locations of the locking loop and knot in tendon sutures based on the locking Kessler method. Journal of orthopaedic Science. 2005 Sep 1;10(5):515.
3. Connolly KL, Albertini JG, Miller CJ, Ozog DM. The suspension (Frost) suture: experience and applications. Dermatologic Surgery. 2015 Mar 1;41(3):406-10.
4. Kouba DJ, Miller SJ. "Running Pleated" Suture Technique Apposes Wound Edges of Unequal Lengths. Dermatologic surgery. 2006 Mar;32(3):411-4.
5. Sadick NS, D'amelio DL, Weinstein C. The modified buried vertical mattress suture: a new technique of buried absorbable wound closure associated with excellent cosmesis for wounds under tension. The Journal of dermatologic surgery and oncology. 1994 Nov;20(11):735-9.

AUTO-ÉVALUATION

1. Parmi les sutures suivantes, laquelle peut être effectuée sans laisser de marques de suture à la surface de la peau ?
   a. Suture sous-cutanée
   b. Suture en treuil
   c. Suture plissée de point devant
   d. Suture dermique de Blair-Donati

2. Laquelle des techniques suivantes est idéale pour fermer les défauts intestinaux ?
   a. Suture croisée
   b. Suture sous-cutanée
   c. Suture en bourse
   d. Suture à boucle de verrouillage de Kessler

3. La suture gelée est une technique de suture spécialisée permettant de suspendre laquelle des structures suivantes ?
   a. Paupière supérieure
   b. Paupière inférieure
   c. Ligament suspenseur de Lockwood
   d. Conduit nasolacrymal

4. Parmi les sutures suivantes, laquelle est utile pour insérer les rabats dans la zone receveuse ?
   a. Suture de Lembert
   b. Suture sous-cutanée
   c. Suture plissée de point devant
   d. Suture en bourse

5. Laquelle des sutures suivantes est utilisée pour la réparation du tendon ?
   a. Suture de Cushing
   b. Suture de Lembert
   c. Suture à boucle de verrouillage de Kessler
   d. Suture plissée de point devant

6. Laquelle des sutures suivantes permet de fermer les couches profondes et superficielles en une seule suture ?
   a. Suture plissée de point devant
   b. Suture croisée
   c. Suture en bourse
   d. Suture dermique de Blair-Donati

7. Laquelle des sutures suivantes est utile pour fermer les plaies soumises à une forte tension ?
   a. Suture verrouillée de point devant
   b. Suture sous-cutanée
   c. Suture en treuil
   d. Suture à boucle de verrouillage de Kessler

8. Laquelle des techniques de suture suivantes est utile pour les plaies atrophiques ?
   a. Suture de Cushing
   b. Suture en treillis
   c. Suture de Lembert
   d. Suture en treuil

9. La suture de Cushing est identique à la suture courante simple, à l'exception de la différence importante suivante
   a. Le nœud plat n'est pas fait dès le départ
   b. Les points de suture sont orientés parallèlement aux bords de la plaie
   c. Le nœud plat est remposé par le nœud d'Aberdeen
   d. Chaque point individuel est verrouillé en étant bouclé.

10. Cette technique de suture offre une bonne esthétique et une bonne hémostase mais n'est pas très fiable.
    a. Suture croisée
    b. Suture sous-cutanée
    c. Suture en bourse
    d. Suture en treuil

CHAPITRE 6

Soins Postopératoires De La Plaie Suturée Et Complications

Toute plaie suturée et exposée à l'environnement extérieur nécessite des soins postopératoires. Cela ne s'applique évidemment pas aux sutures temporaires, comme les sutures de maintien qui auraient été retirées à la fin de la procédure chirurgicale. Les vaisseaux sanguins ligaturés ne nécessitent pas non plus de soins une fois l'intervention terminée, sauf si la ligature lâche. Toutefois, des précautions doivent être prises en ce qui concerne les vaisseaux sanguins anastomosés.

Soins Postopératoires Des Incisions et Lacérations Suturées

Pansement de la plaie:

- Immédiatement après la pose de la dernière suture, la plaie doit être pansée pour la protéger de la poussière et de la contamination.
- N'utilisez jamais de gaze sèche sur la plaie, car elle peut se coller aux sécrétions de la plaie et son retrait sera douloureux plus tard.
- Les gazes de paraffine, imprégnées d'antibiotiques (telles que Sofra-Tulle ou Bactigras) sont des alternatives idéales.
- Une pommade antibiotique, telle que la crème de framycétine, peut également être appliquée sur la plaie en couche mince et recouverte de gaze.
- La gaze médicamenteuse est ensuite maintenue en place à l'aide d'un ruban chirurgical. Des pansements compressifs peuvent être utilisés si un gonflement est prévu au niveau de la plaie.

- Pour les greffes de peau, un traversin de gaze peut être fixé sur la greffe à l'aide de sutures de raccordement. Cela permettra au greffon d'adhérer au tissu sous-jacent. Un pansement supplémentaire peut être effectué sur le dessus du traversin à l'aide de gaze de paraffine.

Soins de la plaie suturée pendant les premiers jours:

- La plaie doit être maintenue propre et sèche pendant les 24 premières heures.
- Les pansements doivent être laissés en place pendant au moins 48 heures, sauf en cas d'imbibition excessive par du sang ou du liquide inflammatoire.
- Après 48 heures, la plaie peut être nettoyée délicatement avec du sérum physiologique ou du savon et de l'eau propre. Une pommade antibiotique doit être appliquée périodiquement.

Retrait des sutures:

Les sutures résorbables n'ont pas besoin d'être retirées. Les sutures non résorbables doivent être retirées après une période déterminée, en fonction de la cicatrisation de la plaie et de l'emplacement anatomique. Les zones bénéficiant d'une bonne circulation sanguine guérissent plus rapidement, et les sutures à ces endroits peuvent donc être retirées plus tôt. En général, les règles suivantes sont suivies pour le retrait des sutures des différentes parties du corps:

- Les sutures du visage peuvent être retirées bout de deux ou trois jours.
- Les sutures des plaies du cuir chevelu peuvent être retirées au bout de cinq jours.
- Les sutures des membres supérieurs, de l'aine et de la cavité buccale peuvent être retirées au bout de sept jours.
- Les sutures de l'abdomen peuvent être retirées au bout de dix jours.
- Les sutures de la zone dorsale du corps, du tronc inférieur et des membres peuvent être retirées au bout de dix à quatorze jours.

La technique à suivre pour le retrait des sutures est la suivante:

1. La plaie doit d'abord être nettoyée avec une gaze imbibée de sérum physiologique, afin d'éliminer les tissus cicatriciels fragiles et le sang incrusté.

2. À l'aide de la pince à tissus, le nœud de la suture doit être délicatement soulevé de la surface de la plaie.
3. Les ciseaux de sutures sont ensuite utilisés pour couper une extrémité du matériel de suture juste en dessous du nœud.
4. La pince à tissus est utilisée pour tirer doucement sur le nœud, ce qui permet au matériel de suture de glisser complètement hors du tissu.
5. La procédure est répétée jusqu'à ce que toutes les sutures soient enlevées.
6. Pour les sutures courantes, il ne suffit pas de couper le nœud. Chaque boucle de la suture courante doit être soulevée et coupée, et chaque partie doit être retirée individuellement.
7. Pour retirer les sutures sous-cutanées, il faut couper le nœud au sommet de chaque extrémité. La suture peut être retirée délicatement de la plaie.

Complications

Les complications suivantes peuvent survenir dans une plaie qui a été suturée.

- **Infection de la plaie:**
  Cela se produit lorsque la zone receveuse de suture est contaminée par des micro-organismes. Les signes d'infection d'une plaie sont la douleur, la chaleur et la rougeur autour de la zone de la plaie, ainsi qu'une fièvre inexpliquée. Une déhiscence de la plaie peut apparaître avec du pus s'écoulant de la plaie. Pour y remédier, il faut enlever quelques sutures pour permettre l'évacuation complète du pus. La plaie infectée doit être traitée par un débridement complet et une irrigation antibiotique. Le patient peut également recevoir des antibiotiques systémiques.

- **Déhiscence de la plaie:**
  Bien que cela puisse être le résultat d'une infection, des causes non infectieuses peuvent également entraîner une déhiscence de la plaie. Un débridement inapproprié des tissus avant la fermeture et la suture de la plaie sous tension peuvent entraîner une déhiscence. Si la plaie ne présente aucun signe d'infection et si moins de 24 heures se sont écoulées depuis le placement de la suture, une

nouvelle suture peut être envisagée. Dans le cas contraire, il est préférable de permettre une cicatrisation secondaire de la plaie sans placer de suture.

- **Cicatrisation**:
  Les sutures esthétiques ne laissent pas beaucoup de cicatrices. Cependant, si les sutures ne sont pas retirées rapidement, ou si le matériel de suture ne s'est pas dilaté avec le gonflement de la plaie, des cicatrices de type «voie de chemin de fer» peuvent se former en raison du quadrillage de la suture.

- **Formation de chéloïdes:**
  Les chéloïdes sont des masses fermes de tissu cicatriciel qui prolifèrent bien au-delà des limites de la plaie initiale. Il s'agit d'une forte réaction de l'organisme à la cicatrisation des plaies. Bien que les chéloïdes puissent être retirées chirurgicalement, elles peuvent réapparaître. Des injections de stéroïdes peuvent permettre de diminuer leur apparition.

- **Cicatrice hypertrophique:**
  Elles sont similaires aux chéloïdes, mais ne prolifèrent pas autant et se limitent aux bords de la plaie. Elles sont fréquentes dans les régions articulaires et, contrairement aux chéloïdes, peuvent réduire leur taille au fil du temps. L'excision des cicatrices hypertrophiques, suivie de pansements à pression ferme, peut les empêcher de se reformer.

AUTO-ÉVALUATION

1. Quelle partie de la suture doit être coupée lors du retrait de la suture ?
   a. Le nœud
   b. Le matériel de suture juste en dessous du nœud
   c. Le matériel de suture juste au dessus du nœud
   d. Le matériel de suture qui pénètre dans le tissu

2. Lequel des éléments suivants ne doit pas être posé directement sur une plaie suturée ?
   a. Gaze de paraffine
   b. Gaze imprégnée d'antibiotique
   c. Gaze sèche
   d. Pommade antibiotique

3. Quand faut-il enlever les sutures des membres supérieurs ?
   a. 3 jours
   b. 5 jours
   c. 7 jours
   d. 9 jours

4. Quel traitement peut prévenir la réapparition des chéloïdes ?
   a. Crème antibiotique
   b. Crème aux stéroïdes
   c. Injections de stéroïdes
   d. Excision chirurgicale

5. Lequel des éléments suivants n'est pas une caractéristique clinique de l'infection d'une plaie ?
   a. Rougeur de la plaie
   b. Écoulement de pus de la plaie
   c. Formation de type voie ferrée
   d. Déhiscence de la plaie

CORRIGÉ

CHAPITRE 1

1. d
2. d
3. a
4. b
5. c
6. b
7. b
8. d
9. b
10. b

CHAPITRE 2

1. d
2. b
3. c
4. b
5. b

CHAPITRE 3

1. d
2. a
3. b
4. c
5. b
6. a
7. c
8. d
9. b
10. a

CHAPITRE 4

1. a
2. b
3. b
4. c
5. c
6. b
7. b
8. c
9. a
10. d

CHAPITRE 5

1. a
2. c
3. b
4. c
5. c
6. d
7. c
8. b
9. b
10. a

CHAPITRE 6

1. b
2. c
3. c
4. c
5. c

Indice

M

N

P

S

T

Made in the USA
Monee, IL
19 October 2026

66039185R00066